Gabriele Cerwinka • Gabriele Schranz

Die Macht
der versteckten Signale

Wortwahl – Körpersprache – Emotionen
Nonverbale Widerstände erkennen und überwinden

Linde
international

Bibliografische Information der Deutschen Nationalbibliothek

Die Deutsche Nationalbibliothek verzeichnet diese Publikation in der Deutschen National-
bibliografie; detaillierte bibliografische Daten sind im Internet über http://dnb.d-nb.de abrufbar.

ISBN 978-3-7093-0544-7

Es wird darauf verwiesen, dass alle Angaben in diesem Werk trotz sorgfältiger Bearbeitung
ohne Gewähr erfolgen und eine Haftung der Autorinnen oder des Verlages ausgeschlossen ist.

Umschlag: buero8
© LINDE VERLAG Ges.m.b.H., Wien 2014
1210 Wien, Scheydgasse 24, Tel.: 01/24 630
www.lindeverlag.de
www.lindeverlag.at

Satz: psb, Berlin
Druck und Bindung: PBtisk a.s.
Dělostřelecká 344, 261 01 Příbram, Tschechien – www.pbtisk.eu

Inhalt

Bevor Sie beginnen ...

Die deutsche Sprache verfügt laut Duden über 300.000 bis 500.000 Wörter. Auch wenn wir nur einen Bruchteil davon, nämlich etwa 16.000 Worte, täglich verwenden, ist das doch eine ganze Menge!

Wieso kommt es trotz dieser immensen Ausdrucksmöglichkeiten immer wieder zu Missverständnissen? Wieso reichen all die Worte oft nicht aus, unsere Anliegen klarzumachen? Warum haben wir in manchen Gesprächen das Gefühl, in eine Sackgasse zu geraten? Wie durch Geisterhand entstehen plötzlich unsichtbare Mauern zwischen den Gesprächspartnern. Wer die Signale nicht rechtzeitig erkennt, lässt diese Mauern zu unüberwindlichen Hindernissen anwachsen. „Ich hatte von Anfang an so ein komisches Gefühl." Dieses mulmige Bauchgefühl lässt uns ratlos zurück. Was ist da von Anfang an schiefgelaufen? Wann ist das Gespräch gekippt?

Wir verständigen uns eben nicht nur mit Worten, sondern verfügen auch über eine Vielzahl von nonverbalen Ausdrucksmitteln, allen voran unsere Körpersprache. Im Unterschied zu den erlernten Worten funktioniert Körpersprache meist intuitiv, kommt ungefiltert und direkt zum Ausdruck. Wer nicht körpersprachlich trainiert ist, „spricht" daher diese Sprache wesentlich ehrlicher als jene der Worte. Genauso empfangen wir diese Signale des anderen auch: unbewusst, direkt in die Bauchebene. Ohne bewusste Kontrolle baut sich so eine zweite Sprachebene auf.

Dazu kommt: Unser moderner Berufsalltag zwingt uns ein Übermaß an logischen Verhaltensweisen auf. Wir müssen exakt nach Plan funktionieren, unser Wirtschafts- und Gesellschaftssystem basiert auf logisch agierenden Wesen. Deswegen verstecken wir unsere Emotionen hinter scheinbar logischen Argumenten. Wir „versachlichen" unsere Gefühle. Die unterdrückten Emotionen äußern sich jedoch in versteckten Signalen, die wir aussenden. Der andere empfängt sie und reagiert seinerseits darauf.

Das vorliegende Buch soll Ihnen helfen, diese versteckten Signale zu identifizieren, und vor allem Tipps liefern, zielführend darauf zu reagieren. Neben

7

der Körpersprache gehen wir auf Umweltfaktoren wie Geruch, Raumwirkung, Sitzordnung oder Licht ein, betrachten die Wirkung des jeweiligen Kommunikationsweges und untersuchen die hinter den Signalen versteckten Emotionen, die „Sprache hinter der Sprache".

Einige Tipps mögen Ihnen selbstverständlich, fast banal erscheinen. Wir haben in unserer 20-jährigen Referenten- und Coaching-Tätigkeit jedoch festgestellt, dass es meist die einfachen Dinge sind, an denen Gespräche immer wieder scheitern. Dies bedeutet im Umkehrschluss, dass bereits kleine Verhaltensänderungen große Wirkung haben können. Nehmen Sie sich jene Tipps mit, die für Sie hilfreich sind. Wir wünschen Ihnen viel Freude beim Entschlüsseln und Überwinden der versteckten Barrieren.

Gabriele Cerwinka   Gabriele Schranz
Wien, im Januar 2014

Körpersignale

Unser Körper lügt nicht. Gefühle und innere Einstellungen, die wir gerne hinter schönen Worten verstecken, drücken sich in unseren Bewegungen deutlich aus. Wenn wir nicht bewusst darauf achten, verrät uns unser Körper. Er spricht seine eigene Sprache. Diese Sprache unterscheidet sich auch noch auf andere Weise von unserer „Wortsprache": Wir sprechen sie intuitiv und verstehen auch die Körpersprache unseres Gesprächspartners vorrangig auf diese Weise. Auf der ganzen Welt, in allen Kulturkreisen finden sich ähnliche Gesten für ähnliche Gefühle. Der Inuitjunge versteht das Mädchen aus Schwarzafrika, wenn es das Gesicht verzieht, weil es an eine saure Zitrone denkt.

Andere Bestandteile der Körpersprache sind angelernt, von unserer Umgebung, unserem Kulturkreis abhängig. Aber auch diese Ausdrucksformen haben wir intuitiv übernommen und nehmen sie intuitiv beim anderen wahr.

Und gerade in dieser „unbewussten Sprechweise" liegt die ganze Macht der Körpersprache. Sie verrät viel mehr über uns, als uns oft lieb ist. Der andere speichert diese unfreiwillig gegebenen Informationen im Unterbewusstsein und reagiert damit darauf. Wir wissen daher oft nicht, warum ein Gespräch plötzlich in völlig anderen, ungeplanten Bahnen verläuft, wir haben keinen Einfluss darauf.

Und selbst Menschen, die sich sehr bewusst mit der Sprache ihres Körpers auseinandersetzen, diese Sprache eifrig trainieren, tappen in diese Falle. Bei einer hitzigen Debatte im Fernsehen vergisst der ansonsten sehr souverän agierende Politiker schon einmal auf das nervöse Fußzucken, das seine innere Haltung verrät. Und der Festredner ist froh, dass das hölzerne Rednerpult den Großteil seines „lampenfiebergeschüttelten" Körpers verdeckt. Die schönen, gestylten

Plexiglaspulte sind bei Profis nicht gerade beliebt, denn sie wissen um ihre Schwächen, die sie vor Publikum verraten.

Unter der Vielzahl von Informationen, die die Körpersprache liefert, interessieren uns in diesem Buch vor allem jene, die wie unsichtbare Barrieren im Gespräch wirken. Warum gehen wir auf den so wortreich und offen präsentierten Vorschlag unseres Gegenübers nicht ein? Was macht es uns so schwer, die Hürde zu ihm zu überwinden? Und wodurch merken wir denn, dass es diese Hürde überhaupt gibt?

Viele dieser Barrieren und Schranken, die wir durch die Körpersprache errichten, dienen der Abwehr, dem Widerstand gegen die Außenwelt. Wir wollen uns schützen, uns und unser Innenleben verbarrikadieren. Diese Barrieren können aber auch durchaus nach außen gerichtete „Waffen" sein, die bewusst oder unbewusst den anderen zurückdrängen sollen: „Rück mir ja nicht zu nahe, sonst gibt es Kampf – und wer den gewinnt, ist wohl klar!" So wird aus einer körpersprachlichen Barriere eine echte Drohgebärde, ein Zeichen der Aggression.

Unser Körper verfügt über viele Möglichkeiten, sichtbare und unsichtbare Hürden aufzustellen. Die schönsten Worte nützen wenig, wenn ein Teil unseres Körpers eindeutig sagt: „Halt! Bis hierher und nicht weiter!" (vgl. auch Kap. 6.3).

1.1 Widerstand, der sich im Gesicht ausdrückt

In unserem Gesicht gibt es an die 20 Muskeln, die ausschließlich dazu da sind, unsere Gefühle auszudrücken. Feinste Nuancen, die in „plumpen" Worten oft verloren gehen, können damit visualisiert werden. Wir reagieren mit diesen Muskeln auf äußere oder innere Reize. Oft huschen diese Reizreaktionen nur für den Bruchteil einer Sekunde über unsere Gesichtszüge. Trotzdem registriert sie unser Gegenüber unbewusst – und darum umso nachhaltiger!

Die Augen nehmen in der Sprache des Gesichts eine zentrale Rolle ein. Nicht umsonst spricht man auch von „den Fenstern zur Seele". Sie spiegeln unsere Gefühle ziemlich deutlich wider. Ich kann zwar ein Lächeln bewusst auf meinen Mund zaubern, aber ob dieses Lächeln auch meine Augen erreicht, ist fraglich. Ein ehrlich gemeintes Lächeln spiegelt sich immer auch in den Augen. Die Pupillen öffnen sich und lassen das Licht – und die Botschaft des Gesprächspartners – in unsere Sinne eindringen. Eine wirklich offene Haltung zeigt sich in den vergrößerten Pupillen. Sie wecken im anderen unbewusst Vertrauen. Ziehen sich jedoch die Pupillen nur leicht zusammen, verschließen wir uns vor dem, was da auf uns einwirken will. Wir verschließen uns vor zu viel Licht, aber auch vor zu viel Emotion. Diese Wirkung wird oft noch durch ein mehr oder weniger starkes Zusammenziehen der Muskeln rund ums Auge unterstrichen – ein typisches Zeichen der Abwehr, des inneren Widerstandes.

Der „Begrüßungsblick"

Die Augen sind eines unserer wichtigsten Kommunikationsinstrumente. Eine Begrüßung ohne Blickkontakt ist kein guter Einstieg in ein Gespräch. Durch den bewussten Blickkontakt signalisieren wir unserem Gegenüber, dass wir es wahrgenommen haben. Auch unter fremden Menschen, die zum Beispiel gleichzeitig einen Aufzug betreten, ist ein kurzer Blickkontakt üblich: „Ich habe dich wahrgenommen, ich bin friedlich, ich fürchte mich nicht vor dir und du hast von mir auch nichts zu befürchten." Nach maximal zwei Sekunden schweift der Blick wieder ab.

So verläuft ein typisches Begrüßungsritual unter Fremden – ganz ohne Worte. Würden wir den Fremden neben uns im Aufzug bis zum fünften Stockwerk weiter mit unserem Blick fixieren, er würde sich äußerst unwohl, vielleicht sogar bedroht fühlen, ganz nach dem Motto: „Was will der bloß von mir?"

Tipp

Ein zu starrer, intensiver Blickkontakt kann als Drohgebärde verstanden werden – und das nicht nur in afrikanischen Kulturen, wo es grundsätzlich als unhöflich und als Missachtung des anderen

Kapitel 1: Körpersignale

gilt, wenn man ihm direkt in die Augen schaut. In vielen „männerdominierten" Kulturkreisen wird von der Frau erwartet, dass sie die Augen zu Boden schlägt – ein direkter Blickkontakt wirkt da wie eine Kampfansage!

● ●

Überhaupt gilt in manchen Kulturen ein niedergeschlagener Blick nicht als Zeichen von Schwäche und Unterwerfung, sondern drückt vielmehr Achtung und Wertschätzung aus. In unserer westlichen Kultur sind wir dagegen gewohnt, uns dem anderen zu stellen, die Konfrontation zu suchen. Wer da wegschaut, gilt als unsicher, schwach und damit schon fast besiegt. Und genau darum geht es – besonders im Berufsleben: siegen und besiegt werden. Entweder ich oder du. Nur die Starken überleben. Zurückhaltung wird nicht als Tugend, sondern als Schwäche ausgelegt.

Selbstsicheres Auftreten gilt da als oberstes Gebot. Da ist uns jedes Hilfsmittel recht. Das bewusste Trainieren unserer Körpersprache ist nicht zuletzt deshalb derzeit so beliebt.

Mit Blicken drohen

Wie wir mit unseren Blicken kommunizieren, hängt auch davon ab, ob wir gerade sprechen oder zuhören. Beim Zuhören empfindet es der andere als normal, wenn wir ihm in die Augen schauen – wir signalisieren damit Aufmerksamkeit, ungeteilte Hinwendung zu seiner Botschaft.

Anders verhält es sich für den, der selbst aktiv kommuniziert, selbst gerade spricht. Wenn er, während er mit uns redet, uns – vielleicht auch noch mit leicht zusammengezogenen Augen – fixiert, ohne zwischendurch den Blick einmal abschweifen zu lassen, wirkt das auf uns bedrohlich. Die freundlichsten Worte hinterlassen durch diese „Begleiterscheinung" ein ungutes Gefühl bei uns.

Es ist also normal, den Blick während des aktiven Gesprächs gelegentlich zur Seite zu wenden. Nur wer seinen Worten besonderen Nachdruck verleihen will, der „durchdringt" sein Gegenüber auch noch mit seinen Blicken, will es quasi hypnotisieren. Leider erreicht er damit nicht immer den erwünschten Effekt. Der Zuhörer kann sich nämlich nach einigen Minuten nur noch auf den Machtkampf der Blicke konzentrieren, den Inhalt der Worte nimmt er nicht mehr wahr. Wer wird verlieren, wer wendet den Blick zuerst ab?

Ein drohender Blick kann nicht nur durch die zusammengezogene Augenpartie unterstützt werden. Ein typischer „Drohblick" entsteht auch durch das Hochziehen einer oder beider Augenbrauen. Damit dabei die Augen nicht zu weit geöffnet werden (was ja wieder eine eher offene Mimik symbolisieren würde), zieht man die Oberlider etwas nach unten. Damit der andere dabei nicht aus dem direkten Blick-Schussfeld verschwindet, wird der Kopf leicht angehoben. Dadurch entsteht der typische „Oberlehrer-Blick": herablassend, belehrend, zurechtweisend.

Im Unterschied zu den Augen und zum Mund ist die Nase nicht gerade sehr „ausdrucksstark". Trotzdem oder gerade deswegen wird ein auch noch so kurzes Naserümpfen vom Gegenüber sehr deutlich und meist auch noch bewusst registriert. Ein kurzes Rümpfen der Nase ist ein deutliches Zeichen von Missfallen. „Das stinkt mir!" Die kleinen Veränderungen in den Augen werden hingegen nur unbewusst wahrgenommen.

Der Mund spricht nicht nur mit Worten ...

Der Mund ist unser eigentlicher Lautsprecher. Die Worte dringen heraus, während wir die Laute mit der Muskulatur rund um den Mund „formen". So können wir – mit einigem Training – auch von den Lippen des anderen lesen, ohne den Klang der Worte zu hören.

Daneben sendet gerade der Mund auch eine Vielzahl von Signalen aus, die nichts mit den Worten zu tun haben. Der Mund ist das Tor zur lebensnotwendigen und genussreichen Nahrungsaufnahme. Wenn uns etwas nicht schmeckt, machen wir einfach den Mund zu. Sind wir nicht einer Meinung mit unserem Gesprächspartner, pressen wir die Lippen aufeinander. Obwohl vielleicht unser leicht geneigter Kopf eine nachdenkliche Geste symbolisieren soll, zeigen die zusammengepressten Lippen eindeutig Abwehr. Wir lassen die andere Meinung nicht an uns heran, der Mund dient als Barriere. Diese Art von Schweigen sollten Sie daher nie als Zustimmung werten!

Eines der wichtigsten Signale unseres Mundes ist das Lächeln. Wie entsteht ein Lächeln? Wann haben wir es erlernt? Nichts bezaubert die Eltern so sehr, wie das erste Lächeln ihres Babys. Dabei meinen viele Entwicklungspsychologen, dass es sich dabei nur um eine unbewusste Muskelbewegung im Gesicht des kleinen Erdenbürgers handelt. Rein zufällig ziehen sich die Mundwinkel nach oben. Und wie reagieren die Eltern darauf? Durch freudige Zuwendung, durch liebevolle Worte und durch ein bewusstes Lächeln. Lernt das Kleinkind etwa nur durch diese Reaktion, dass sein Lächeln positiv wirkt?

Sicher aber gibt es auch das angeborene Lächeln: Genauso wie sich beim Geschmack einer Zitrone das Gesicht, die Augen und der Mund zusammenziehen, heben sich beim Gedanken an etwas Süßes, Angenehmes oder Erfreuliches die Mundwinkel leicht nach oben. Dieser Ausdruck wird – analog zum Zitronen-Beispiel – auch von den Augen ausgedrückt.

Tipp

Ein echtes Lächeln zeigt sich, wie bereits erwähnt, in einem Zusammenspiel von Augen und Mund. Meist bleiben die Lippen dabei auch geschlossen. Das Gesicht wirkt fröhlich, freundlich, sympathisch – ohne sich dieser Wirkung bewusst zu sein, und gerade deswegen umso echter!

Lächeln als Waffe

Ganz anders verhält es sich da mit dem typischen Siegerlächeln: Eine Reihe strahlendweißer, makelloser Zähne blitzt aus einem idealerweise braungebrannten Gesicht hervor. Bei so viel Glanz schaut ohnehin keiner mehr in die Augen. Der Sieger lächelt und zeigt dabei die Zähne – unser Bewusstsein will uns einreden, dass er uns freundlich und offen begegnet. Aber unser Unterbewusstsein registriert sehr wohl auch die Drohgeste dahinter. Ein Hund würde nie auf die Idee kommen, die gefletschten Zähne eines anderen Hundes für ein freundliches Willkommen zu halten! Diese Art von Lächeln – die

Lippen nur so weit geöffnet, dass die Zähne gut sichtbar sind – stellt somit fast schon eine offene Drohung dar.

Es gibt aber auch noch das weitaus harmloser wirkende, verbindliche Lächeln. Die Mundwinkel ziehen sich zwar nach oben, aber sonst regt sich kein Muskel im Gesicht, auch die Augen bleiben völlig unbeteiligt. Manchmal ist es noch von einem leichten Kopfnicken begleitet. Dieses Lächeln wirkt irgendwie verkrampft, die verbindliche Geste nur vorgetäuscht – dahinter versteckt sich Gleichgültigkeit und Desinteresse.

Der andere fühlt sich nicht ernst genommen, echte Kommunikation entsteht damit noch weniger als bei einer echten Drohgeste. Eine Drohung kann zur Konfrontation und damit zur Auseinandersetzung mit dem anderen führen. Aber eine solche vermeintlich verbindliche Geste sagt aus: „Du bist für mich kein ernst zu nehmender Gegner, dich speise ich mit einem Lächeln ab – und dann auf zu wichtigen Dingen!"

So ist aus einem grundsätzlich freundlichen Begrüßungsritual – dem Lächeln – eine oftmals schwer zu überwindende Barriere geworden.

1.2 Abwehr mit Händen und Füßen

So wie die Lippen unsere Buchstabenlaute nachformen, unterstreichen auch unsere Hände durch ihre Bewegungen unsere Rede. Was wir meinen, kleiden wir nicht nur in Worte, sondern auch in Gesten. Nur: Im Unterschied zu den Worten gelingt es uns viel weniger, mit unseren Händen zu lügen. Die Sprache der Hände ist unmittelbarer und somit wesentlich echter.

Wer sich zum Beispiel in seinem Stuhl zurücklehnt und dabei die Hände weit vorstreckt, als wolle er etwas wegschieben, dabei aber betont, er stimme der Sache vollinhaltlich zu, der lügt – mit seinen Worten! Die Hände dagegen sagen die Wahrheit und damit genau das Gegenteil: Diese Sache ist noch lange nicht beschlossen, das schiebe ich jetzt lieber einmal weit von mir weg.

Strecken wir unsere Hände bzw. im Sitzen auch unsere Beine vor, schieben wir etwas von uns, verschaffen uns Abstand, vergrößern unser Revier. Der andere versteht die Drohung: „Rücke mir ja nicht zu nahe, halte Abstand!"

Die Hand als Waffe

Bevor unsere urzeitlichen Vorfahren lernten, Gegenstände als Werkzeug und als Waffen einzusetzen, hatten sie nur ihren Körper zur Verfügung, wie die Tierwelt auch heute noch. Gerade die Hand eignet sich sehr gut als Waffe: Man kann sie zur Faust ballen, mit der Kante der angespannten Hand wie mit einem Beil zuschlagen oder mit den Fingern in die Augen des Gegners bohren. Zugegeben, keine allzu zivilisierten Vorstellungen. Heute kämpfen wir im Ernstfall lieber mit ferngesteuerten Raketen. Oder im Berufsalltag mit Worten.

Manchmal verfallen aber unsere Hände noch in urzeitliche Verhaltensmuster. Unser Gefühl der Wut wird dann direkt durch eine geballte Faust ausgedrückt und nicht durch einen imaginären Druck auf einen Raketenstartknopf! Selten halten wir jedoch dem „Gegner" diese Faust direkt unter die Nase – diese Geste wäre doch zu eindeutig. Viel lieber verstecken wir diese unter dem Tisch, hinter unserem Rücken oder bremsen den angedeuteten Faustschlag durch die andere Hand. Nur im äußersten Notfall saust die Faust auf die Tischplatte nieder. Wir bedrohen aber nicht unseren Schreibtisch, sondern den Verhandlungspartner!

Wer häufig mit der durchgestreckten Handkante, der typischen „Karatehand", argumentiert, meint damit eindeutig: „Spiel dich nicht mit mir, ich bin jederzeit bereit zuzuschlagen und durchaus fähig, ganze Ziegelmauern zu zerschmettern!"

Auch der erhobene Zeigefinger stellt eine eindeutige Drohgebärde dar. Wenn ich schon nicht direkt auf die Augen meines Gegners ziele, so möchte ich doch wenigstens Löcher in seine starre Meinung bohren. Wer ständig mit dem Zeigefinger und den Handflächen nach unten gerichtet auf eine Stelle in einer schriftlichen Unterlage zeigt, wirkt wie ein Degenfechter, der drohend mit seinem Degen übt: „Wenn du nicht tust, was ich will, steche ich zu!"

Die leicht angehobenen und nach vorne gerichteten Ellenbogen werden ebenfalls als unterschwellige Drohung verstanden. Nicht umsonst spricht man oft von „Ellenbogentaktik". Ich verschaffe mir durch die angehobenen Ellenbogen mehr Raum, schiebe alle Gegner von mir.

Tipp

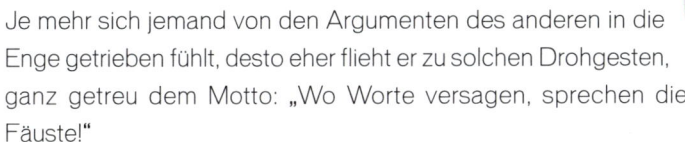

Je mehr sich jemand von den Argumenten des anderen in die Enge getrieben fühlt, desto eher flieht er zu solchen Drohgesten, ganz getreu dem Motto: „Wo Worte versagen, sprechen die Fäuste!"

Die Hände als Mauer

Wenn wir zuhören und der an uns herangetragenen Sache gegenüber skeptisch sind, verschanzen wir uns gerne hinter einem Schutzwall. Haben wir gerade keinen Aktenberg am Schreibtisch vor uns, müssen eben unsere Hände diese Funktion erfüllen. Die Finger ineinander verzahnt und die Daumen zum spitzen „Wehrdach" aufgestellt, fühlen wir uns bedeutend wohler. Da kann der andere ruhig einmal reden, die eigene Verteidigung ist aufgebaut. So schnell wird er unser Bollwerk nicht durchdringen.

Die Hand dient auch als Schutzwall für unser Gesicht. Nicht nur die berühmten drei Affen halten sich Augen, Ohren und Mund zu, durch die ein oder andere Geste versuchen wir immer wieder, unsere Sinne vor zu viel Information von außen zu schützen. Auch wenn wir die Worte, die wir gerade sagen, lieber zurückhalten möchten, halten wir vielleicht kurz die Hand vor den Mund. Bei einer Lüge oder bei einer Unsicherheit greifen wir uns gerne an die Nase – wird sie schon länger, so wie beim unseligen Pinocchio? All diese kleinen Gesten im Gesicht drücken Abwehr oder Verteidigung im Gespräch aus.

Wer mit vermeintlich offenen Armen weitausladend gestikuliert, wirkt dynamisch und extrovertiert. Richten sich dabei aber die Handflächen fast ausschließlich nach innen, also zum eigenen Körper hin, will derjenige sich doch lieber vor zu viel Neuem schützen. Die Offenheit täuscht – er lässt so schnell nichts und niemanden an sich heran! Auch die verschränkten Arme vor der Brust können ebenfalls diese innere Abwehr ausdrücken.

Doch an dieser Stelle möchten wir eine grundsätzliche Überlegung zur Deutung unserer Körpersprache einbringen: Nicht jede unserer Gesten lässt sich leicht und eindeutig übersetzen. Jede Bewegung unseres Körpers erfolgt

17

auf Grund irgendeines Reizes. Dieser Reiz kann von außen oder von innen kommen. Gefühle und unangenehme Botschaften können solche Reize sein. Wenn wir also eine unangenehme Nachricht erhalten und unsere Arme vor der Brust verschränken, handelt es sich eindeutig um eine Abwehrgeste, eine emotionale Schutzmaßnahme.

Der Reiz, der dazu führt, dass ich meine Arme verschränke, kann aber auch ganz anderer Natur sein: Wenn wir frieren, machen wir genau die gleiche Geste. Ein andermal sind wir vielleicht einfach nur müde vom langen Stehen, suchen neuen Halt und Entspannung durch eine Veränderung unserer Position. Mit verschränkten Armen lässt es sich einfach entspannt und angenehm zuhören – ich signalisiere dem anderen dann: „Ich nehme mich im Moment zurück, ich lasse dich sprechen, ich höre einfach nur zu!" So vielfältig lässt sich ein und dieselbe Geste deuten. Der wahre Hintergrund wird immer erst aus dem Gesamtzusammenhang deutlich.

Tipp

Nur wer Worte, Gesten und äußere Umstände gemeinsam betrachtet, wer sich in den anderen einzufühlen vermag, wird die Bestandteile der Körpersprache richtig deuten. Wie bei einem Puzzlespiel ergeben nur alle Teile gemeinsam betrachtet ein Ganzes. Hüten wir uns also vor vorschnellen Urteilen. Fragen wir einfach noch einmal nach, wenn wir auf Grund einer Geste beim anderen Abwehr vermuten.

Der Händedruck als Gradmesser

Die Begrüßung mit Handschlag ist in unseren Breiten üblich. Ihre Herkunft ist klar: Wenn wir dem anderen die Hand zum Gruß reichen, zeigen wir ihm auch, dass wir keine Waffe halten, dass wir in friedlicher Absicht kommen.

Da wir aber nicht mehr in den einfachen Mustern unserer Steinzeitvorfahren denken – „Waffe = Feind, keine Waffe = Freund –, ist unser Begrüßungsritual sehr viel vielschichtiger geworden. Die Rolle der Augen haben wir dabei schon behandelt. Wie aber verhalten sich unsere Hände? Wie verbergen wir die bösen Absichten? Was lässt unser Gegenüber erahnen, dass wir doch den ein oder anderen Pfeil im Köcher haben?

Da ist zunächst der „Knochenbrecher"-Händedruck. Das schönste Lächeln, die freundlichsten Worte werden vom Schmerzenslaut übertönt, wenn uns jemand die Hand fast zerquetscht. Die Person beweist dadurch nicht nur Stärke, sondern auch mangelndes Feingefühl: So ein Handschlag wird als Angriff, als Verletzung aufgefasst – und ist es auch tatsächlich, wenn wir Minuten später noch immer den Druck verspüren und kaum fähig sind, unser Glas zu halten. Dieses Machtgehabe erstickt ein Gespräch oft schon im Keim. Man versucht, den „Kraftprotz" so schnell wie möglich wieder loszuwerden.

Das Gegenteil des „Knochenbrechers" ist der „kalte Fisch": Die Hand des anderen verweilt sekundenlang ohne jede Regung und Anzeichen von Leben in der unseren. Wir schließen dabei auf völliges Desinteresse des anderen. Wir sind ihm keine Gefühlsäußerung wert, er möchte uns nicht spüren, nicht näher mit uns in Kontakt kommen. Wenn dieser Händedruck in Verbindung mit dem vorhin beschriebenen krampfhaften Lächeln auftritt, ist die Hürde zu einem offenen Gespräch schon fast unüberwindbar.

Behält ein Mann beim Händeschütteln die linke Hand in der Hosentasche, gilt das nicht umsonst als unhöflich – der so Begrüßte fühlt sich verunsichert. Handelt es sich hier nur um eine Geste der Unhöflichkeit oder versteckt der andere gar eine Waffe im Hosensack? Oder möchte er mir nur signalisieren, dass er einfach ein zwangloses, kameradschaftliches Gespräch sucht? Dann nämlich bedeutet die Hand in der Tasche entspannte Lässigkeit: „Ich greife dich sicher nicht an, meine Hand ist ja nicht einmal bereit, mich gegen dich zu verteidigen."

Eine weitere Möglichkeit, schon bei der Begrüßung die Fronten klar abzustecken und dem eigentlichen Sinn des Willkommensrituals zu widersprechen, ist der „Wegschieber". Man geht dem anderen mit offen vorgestreckten Armen entgegen – doch statt beim Händedruck die Hand leicht abzuwinkeln, also den anderen an sich heranzulassen, hält man die Hand weiter gestreckt, schiebt den anderen von sich.

Um dieses „Von-sich-Wegschieben" noch zu verstärken, wird dabei oft die linke Hand auf die Schulter des anderen gelegt. Was freundschaftlich-jovial wirken soll, ist jedoch tatsächlich die Versicherung, dass der andere auch ja

19

nicht mit irgendeinem Körperteil zu nahe kommt. Beide Hände schieben ihn weg.

Dieser Gruß muss wohl unter sich feindlich gesonnenen Politikern entstanden sein, die um der Medien willen Freundschaft demonstrieren mussten. Wer kennt nicht den zweiten typischen „Politiker-Gruß" aus den Zeiten des Kalten Krieges, als man sich innig umarmte und dabei den Betrachter das Gefühl beschlich, dass die beiden dabei nur vermeiden wollten, sich gegenseitig in die Augen zu schauen – der Gegner sollte die bösen Absichten in den Augen des anderen nicht gleich sehen.

Außerdem ermöglicht dieser vermeintlich freundliche Körperkontakt das unauffällige Abtasten des anderen nach versteckten Waffen – die Umarmung als Entwaffnung.

Ähnlich verhält es sich mit dem „Dominanz-Handschlag". Beim Händereichen dreht der dominantere Gesprächspartner die Hand des anderen so, dass seine eigene Hand von oben nach unten auf der des anderen liegt. Er bringt die Hand des „Gegners" in die Demutshaltung. Gibt sich der andere nicht geschlagen, legt er vielleicht seinerseits seine zweite Hand auf die obenliegende Hand des anderen. Was vordergründig besonders herzlich wirkt, ist nichts anderes als ein Machtspiel – wird der andere jetzt seinerseits wieder seine zweite Hand oben drauf legen?

Sie meinen, diese Formen des Grußes habe es eben nur im Kalten Krieg gegeben? Weit gefehlt – Kalter Krieg herrscht auch jetzt noch häufig – vor allem im Berufsalltag. Wahrscheinlich sind all diese widersinnigen Begrüßungsgesten erst dadurch entstanden, weil wir täglich – und das besonders im Berufsleben – unzählige Menschen begrüßen müssen, ob wir sie sympathisch finden oder nicht. Wir müssen Freundlichkeit zeigen, wir wollen ja etwas von ihnen oder wollen zumindest einen guten Eindruck hinterlassen. Man weiß ja schließlich nie, ob nicht ein potenzieller Kunde vor einem steht …

Der Steinzeitmensch hat eben nur jene mit Handschlag begrüßt, die er auch wirklich willkommen heißen wollte!

Hektik mit Hand und Fuß

Wird der Monolog des Gesprächspartners zu lange, beginnen wir gerne nervös mit den Fingern auf den Tisch zu trommeln. Ein klares Stopp-Signal: „Wenn du nicht bald aufhörst zu reden, springe ich auf und laufe davon."

Dieses Davonlaufen-Wollen bestimmt sehr häufig unsere Körpersprache. Sitzt ein Verhandlungspartner mit ruhigem, aufrechten Oberkörper und souveränem Gesichtsausdruck am Verhandlungstisch, vermittelt er den Eindruck, Herr der Lage zu sein. Doch plötzlich werden die Füße fast unmerklich unruhig. Immer wieder bewegen sie sich vor und zurück. Auch wenn sich diese Unruhe noch nicht im Oberkörper spiegelt, ist das doch ein untrügliches Zeichen dafür, dass die Angelegenheit langsam heikel wird. Am liebsten möchte er fliehen, muss diesen Impuls aber unterdrücken und so dem anderen seine wahren Gefühle verbergen.

Es ist in unserer Welt in vielen Situationen sehr wichtig geworden, unsere wahren Gefühle nicht zu zeigen, den äußeren Schein zu wahren. Es wäre nicht sehr vorteilhaft für uns, wenn der Chef merken würde, was wir tatsächlich von ihm halten. Oder wenn der Kunde mitbekommen würde, dass er gerade im Begriff ist, endlich den lästigen Ladenhüter zu kaufen.

Bei jeder Art von Verhandlung ist es für den Erfolg entscheidend, den anderen nicht in die Karten blicken zu lassen. Daher versuchen wir so gut wie möglich, unsere Gefühle zu verbergen. Viele haben erkannt, dass es gerade die Körpersprache ist, die sie immer wieder verrät. Daher ist man um einen bewussten Einsatz der Körpersprache sehr bemüht. Körpersprachetrainings erfreuen sich nicht nur bei Politikern und Fernsehmoderatoren großer Beliebtheit.

Tipp

Körpersprache ist jedoch nur bedingt manipulierbar. Besonders die Füße entziehen sich gern jeglichem Versuch, sie bewusst zu steuern. Kleine Anzeichen der Unsicherheit zeigen sich daher zuerst an den Füßen. Nicht umsonst bestehen daher Politiker bei Fernsehdiskussionen auf ein Verdecken ihrer Füße.

Um eine ständige ungewollte Bewegung der Beine zu vermeiden, schlagen wir gerne das eine Bein über das andere. Wir haben die Füße dadurch zwar ruhiggestellt, aber gleichzeitig auch den Bodenkontakt zum Teil verloren. Nur wer mit beiden Beinen fest am Boden steht, hat einen festen „Standpunkt" – er wirkt überzeugend. Hat er ein Bein über das andere geschlagen, ist die Gefahr groß, dass das „Luftbein" beginnt, sich unruhig auf und ab zu bewegen. Richtet sich dabei auch noch die Fußspitze in Richtung des Gesprächspartners, empfindet dieser eine unbewusste Drohung. Der Fußtritt kann jederzeit auch tatsächlich erfolgen.

Jede Form von hektischen und fahrigen Bewegungen wirkt auf ein Gespräch als atmosphärische Störung. Der Gesprächspartner verliert eher den Faden, die Aufmerksamkeit wird vom Sachinhalt abgelenkt, der versteckte Kampf beginnt. Wer wird flüchten, wer wird angreifen?

1.3 Abwehrhaltungen des ganzen Körpers

Wir haben schon erwähnt, dass viele unserer körpersprachlichen Verhaltensmuster seit Urzeiten die gleichen sind. Gerade im Bereich der „Verteidigungsgesten" wird das deutlich. Bevor der Mensch über kunstvolle Waffen und Verteidigungsmechanismen verfügte, hatte er nur seinen Körper für Kampf und Schutz zur Verfügung. Und er wusste, dass es eben mehr oder weniger empfindliche Körperpartien gibt. Ein Faustschlag in den Bauch oder ein Biss in den Hals ist auch heute noch meist tödlich. Fing man dagegen den Schlag mit dem Arm ab, gab es höchstens einen gebrochenen Knochen, aber meist keine lebensbedrohende Verletzung. Daher haben unsere Vorfahren einen Angreifer mit zur Seite gedrehtem Körper abgewehrt, ihm die etwas unempfindlichere Knochenseite zugewandt und so die empfindlichen Weichteile geschützt.

Dieses Verhaltensmuster ist bis heute gleich geblieben. Eine offene Körperhaltung präsentiert dem anderen die verletzliche Vorderfront – Hals, Brust und Bauch. „Ich fürchte mich nicht vor dir, ich gehe nicht in Deckung." Umgekehrt wenden wir einem potenziellen Gegner unbewusst unsere Knochenseite, unsere Seitenfront, zu. Wir zeigen ihm die kalte Schulter. Der andere spürt das unbewusste Wegschieben, die Barriere. Mit jemandem freundlich „über die Schulter" zu kommunizieren, fällt schwer. Die Gesprächsbarriere Knochenseite steht im Weg. Dieses oft nur unmerkliche seitliche Wegdrehen ist eine der häufigsten körpersprachlichen Barrieren.

Unsere Schultern sind wichtige Bausteine unseres körperlichen Verteidigungswalls. Ziehen wir sie hoch, schützen wir damit unseren Hals, der ein äußerst verletzlicher Teil unseres Körpers ist. Hier fließt unsere Hauptlebensader durch, ein Angriff darauf kann tödlich sein.

Wer sich von einem Gespräch zurückziehen will, zieht unmerklich den Hals ein und die Schultern hoch. Der Hals wird möglichst kurz gemacht, um die Angriffsfläche zu verkleinern. Wir versperren uns dadurch nicht nur vor Angriffen, sondern auch vor neuen, vielleicht bedrohlichen Ideen. Diese Haltung nennen wir auch die Schildkrötenhaltung.

Tipp

Der Hals ist einer unserer beweglichsten Körperteile. Schränken wir diese physische Beweglichkeit ein, behindern wir gleichzeitig auch unsere geistige Beweglichkeit. Gesprächen eine neue Richtung zu geben, fällt in so einer Körperhaltung schwer.

Wollen wir eine unangenehme Situation von uns wegschieben, tun wir das oft nicht nur buchstäblich mit Händen und Füßen, sondern mit dem ganzen Körper. Der Chef streckt im Gespräch mit seinem Mitarbeiter die Hände abwehrend nach vorne, richtet die Beine mit angehobenen Fußspitzen ebenfalls nach vorne und lehnt sich gleichzeitig soweit wie möglich in seinem Stuhl zurück. Der ganze Körper signalisiert Abwehr, egal, was seine Worte auch ausdrücken: „Das ist ein durchaus interessanter Vorschlag, Herr Meier!" – Armer Herr Meier, sein Vorschlag wird wohl in der großen Ablage, genannt Abfallkorb, landen!

Unser Körper verfügt über eine ganze Reihe von Drohgebärden, die dazu dienen, den „Gesprächsgegner" einzuschüchtern, wegzuschieben oder sich selbst zu schützen. Die „zorngeschwellte" Brust ist ein eindeutiges Zeichen: Wer sich aufplustert wie ein Kampfhahn, hat kein friedliches, harmonisches Gespräch im Sinn.

Der klassische Revolverheld steht breitbeinig, die Hände jederzeit bereit und schon in „Schusshaltung" – vorgestreckter Daumen – in Gürtelnähe, mit konzentriertem Blick und der untergehenden Sonne im Rücken auf der Dorfstraße von „Showdown-City". Sein ganzer Körper drückt höchste Spannung, jederzeitige Bereitschaft zum Angriff aus. Jeder Gegner deutet dieses körpersprachliche Signal richtig. Aber auch ohne Revolver im Halfter, ohne dramatische Hintergrundmusik und „John-Wayne-Look": Diese Geste finden wir beim einen oder anderen Gesprächspartner wieder. Die leicht angewinkelten Arme mit den nach oben gerichteten, spitzen Ellenbogen und der mehr oder weniger schussbereiten Hand an der Seite wirken bedrohlich – auch wenn die Munition nur aus Worten und Blicken besteht!

Aber nicht nur Drohgesten schaffen Barrieren in einem Gespräch. Auch Gesten offen zur Schau gestellter Überheblichkeit stören die Harmonie oft entscheidend. Lehnt sich ein Teilnehmer bei einer Teamsitzung demonstrativ zurück und verschränkt dabei die Arme hinter dem Kopf, wirkt er auf den ersten Blick entspannt, lässig, selbstsicher. Doch was sagt seine Geste wirklich aus? Er präsentiert offen und ohne Verteidigungsmöglichkeit (die Hände sind ja hinter dem Kopf „fixiert") seine empfindlichen Weichteile, ja, er provoziert geradezu einen Angriff. Wer dem anderen so deutlich zu verstehen gibt, dass er seinen Angriff weder fürchtet noch ernst nimmt, ist sich seiner Sache schon sehr sicher. „Was immer ihr jetzt noch an Argumenten bringt, meines ist doch das Beste, meine Position als Sieger ist absolut unangreifbar!"

Wellenlänge durch versteckte Signale herstellen

Wenn sich zwei gut verstehen, erkennt das ein guter Beobachter auch aus der Ferne, ohne die Worte zu hören. Die beiden sind sich zugewandt, ihre Körperhaltung ist entspannt, keiner stört das Gespräch durch fahrige Bewegungen. Die Körperhaltung ist ähnlich, fast spiegelverkehrt, alle Bewegungen wirken synchron. Die beiden sind erkennbar auf einer Wellenlänge.

Wer sich so im Einklang mit dem anderen befindet, der tendiert dazu, auch die Haltung des anderen zu spiegeln. Legt der eine den Kopf leicht schief, tut dies unmerklich auch der andere. Verschränkt der eine die Arme, tut es der andere auch – kein Zeichen von Abwehr, sondern vielleicht nur Übereinstimmung darüber, dass der Punkt etwas heikel ist, und das für beide. Sie sprechen nicht nur mit Worten eine gemeinsame Sprache.

Anders verhält es sich, wenn diese Harmonie bewusst gestört wird. Das passiert genau dann, wenn sich plötzlich ein Gesprächspartner zur Seite dreht, dem anderen die Knochenseite zuwendet. Die Gesprächswellen prallen ab, werden zurückgeworfen. „Ich nehme deine Botschaft nicht an, ich schicke sie zurück!"

Eine wichtige Voraussetzung für dieselbe Wellenlänge ist auch die jeweilige Sprechposition der einzelnen „Sender". Unsere Kommunikation ist zum Beispiel allein dadurch gestört, dass ein Gesprächspartner sitzt und der andere steht. Wenn wir uns nicht auf gleicher Höhe befinden, ist der Aufwand für ein gutes Gesprächsklima ungleich größer.

Diese Barriere kann in Gesprächssituationen auch bewusst eingesetzt werden. Der Chef, der auf seinem „Thron" sitzt, während der Besucher mit dem „Büßerstuhl" Vorlieb nehmen muss, will von Anfang an klare Fronten schaffen. An einem gleichrangigen Gesprächspartner ist ihm wohl nicht gelegen. Über- und Unterordnung soll klar festgelegt sein.

Ähnlich verhält es sich bei den typischen „Amtsgesprächen": Einer – der „Bittsteller" – steht vor dem Tisch des „allmächtigen Beamten" und muss sich leicht vorneigen, um sein Anliegen vorzutragen – kein guter Start in ein Gespräch!

Andererseits lässt sich von oben herab aber auch leicht in aggressivem Ton argumentieren. Steht ein Mitarbeiter neben einem am Schreibtisch sitzenden Kollegen, kann er in dieser Position seine Kritik aus einer überlegenen Position äußern. Bleibt der Kollege sitzen und weicht vielleicht auch noch vor dem verbalen Angriff zurück, indem er noch weiter in seinen Stuhl versinkt, hat der Aggressor Oberwasser.

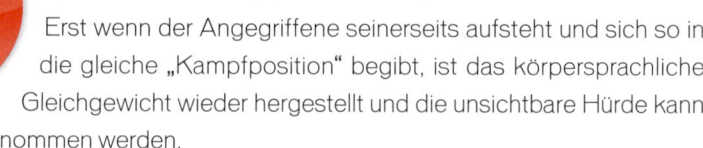

Tipp

Erst wenn der Angegriffene seinerseits aufsteht und sich so in die gleiche „Kampfposition" begibt, ist das körpersprachliche Gleichgewicht wieder hergestellt und die unsichtbare Hürde kann genommen werden.

Distanzzonen als Barrieren

Je nach Gesprächssituation beanspruchen wir einen bestimmten Raum um uns, in den der Gesprächspartner nicht eindringen sollte. Die unsichtbare Distanzzone sollte in jeder Gesprächssituation gewahrt bleiben.

Wie wir diese unsichtbare Grenze setzen, hängt zunächst hauptsächlich von der Rolle unseres Gegenübers ab. Ganz nahe an uns heran lassen wir dabei normalerweise unseren Lebenspartner und die engste Familie. Wir hören nicht nur ihren Worten zu, wir wollen sie mit all unseren Sinnen spüren. Der Hautkontakt und der Geruch sind dabei sehr wichtig. Das Gelingen der Kommunikation hängt dabei auch von dieser Nähe ab. Ein Kind, das die Liebe der Eltern nie spürt, wird sich auch im Gespräch mit ihnen schwer tun. Partner, die keine körperliche Nähe mehr zulassen, entziehen sich die gemeinsame Basis. In dieser „intimen Distanzzone" wirkt also der Entzug der Nähe als Barriere.

Unsere „persönliche Distanzzone" beginnt etwa in Armeslänge von uns entfernt, also bei ca. 60 Zentimetern, und reicht bis 1,50 Meter. In diesen Raum passen Freunde und Menschen, die wir zwar gerne um uns haben, die wir aber trotzdem nicht ständig an uns drücken wollen. Wir verständigen uns gerne durch Worte, durch Blicke oder auch durch Spiegeln der Körperhaltung. Die gemeinsame Wellenlänge ist da, auch ohne ständigen Hautkontakt. Zu große Nähe kann auch bei guten Freunden wie eine unsichtbare Barriere wirken – das Beziehungsgleichgewicht ist gestört. Diese Zonen um uns sind jedoch nicht rundherum gleich groß: Die angegebenen Werte beziehen sich vor allem auf unsere Vorderseite, unsere offene, „verletzliche" Körperfront. An unsere seitliche „Knochenfront" lassen wir andere durchaus auch näher heran, wir sind da ja ohnehin besser geschützt. So ist es ganz normal, sich bei der guten Freundin am Arm einzuhaken. Sie aber während des Gespräches ständig frontal an uns zu drücken, wäre ziemlich beengend.

Gerade in Freundschaftsbeziehungen ist dieses Spiel mit Nähe und Distanz ein sehr heikles, oft unterschätztes. Es gibt Situationen, die körperliche Nähe verlangen, so zum Beispiel wenn wir der besten Freundin Trost spenden. Durch eine plötzlich auftretende emotionale Ausnahmesituation werden die Grenzen aufgehoben. Wir erlauben dem anderen ein Eindringen, wir fordern es geradezu. In anderen Situationen wirkt so ein Eindringen – auch des besten Freundes – vielleicht einengend. Weil es aber die beste Freundin ist, lassen wir dieses leichte Unbehagen nicht zu und verdrängen es. Irgendwann analysieren wir dann, warum die Freundschaft nicht mehr so ist, wie sie war, und nicht selten hört man dann Sätze wie: „Es wurde mir zu eng, der andere hat sich ja richtig an mich geklammert!" Auch wenn wir es im übertragenen Sinn meinen.

Menschen empfinden körperliche Nähe unterschiedlich. Der eine tut sich schon schwer mit der allgemeinen Praxis der Begrüßungsküsschen, der andere kann gar nicht nah genug an seine Mitmenschen heran. Diese Unterschiede entspringen einerseits unseren unterschiedlichen Wahrnehmungsformen – je nachdem, welche mehr ausgeprägt sind: Hören, Sehen oder Fühlen –, andererseits unseren bisherigen Erfahrungen.

Tipp

Menschen, die sich über all diese unsichtbaren Grenzen hinwegsetzen und ihre kommunikative Präsenz so nah am Mann wie möglich demonstrieren wollen, werden leicht als „distanzlos" eingestuft, die vermeintliche Nähe zum anderen wird zur echten Hürde.

Unsere gesellschaftliche Distanz beginnt bei 1,50 Meter und reicht bis ca. zwei Meter. Hier haben all jene Platz, die wir im Berufsalltag treffen: Mitarbeiter, Chefs, Kunden, Verkäufer etc. Ein ganz schön enger Raum für so viele Menschen!

Diese gesellschaftliche Mindestdistanz lässt sich auch nicht immer einhalten. Sehr oft müssen uns auch wildfremde Menschen wesentlich näher

Kapitel 1: Körpersignale

rücken. Denken Sie nur an die Situation in der überfüllten U-Bahn, im voll besetzten Lift, beim Zahnarzt oder beim Friseur. Überall spüren wir die anderen hautnah. Wir verteidigen uns dabei unbewusst: manchmal mit dem einfachen Zur-Seite-Drehen – auch hier kommt wieder unsere Knochenseite zum Einsatz. Wir ziehen uns in uns zurück, unser Körper „ignoriert" die Nähe, wir versuchen in solchen Situationen auch möglichst ein Gespräch zu vermeiden.

Beim Zahnarzt und beim Friseur können wir uns schwer zur Seite drehen, da müssen wir das Überschreiten der Distanzzone akzeptieren. Wir versuchen den anderen dadurch etwas von uns wegzuschieben, indem wir ihm den direkten Blickkontakt verwehren. Auch wenn wir weiter mit ihm reden, richtet sich plötzlich unser Blick an ihm vorbei in weite Ferne. Ein Verhalten, dass der andere unbewusst richtig versteht, kein Zahnarzt würde sich dadurch gekränkt fühlen.

Wer in Situationen erzwungener Nähe den Blick weiter starr in die Augen des anderen richtet, der verletzt diese Gesetze von Nähe und Distanz, er beginnt ein Machtspiel, er spricht eine offene Drohung aus. Es ist nicht immer nur die zu große physische Nähe, die als aggressiv empfunden wird, sondern es ist das Verhalten, wie die einzelnen Beteiligten darauf reagieren.

Eine wichtige Rolle spielt dabei auch die Tatsache, ob die Situation der „ungebührlichen" Nähe erzwungen ist oder vermeidbar wäre. Ist der Aufzug wirklich voll besetzt, kann ich nicht Abstand halten. Sind wir nur zu zweit im Lift, verhält es sich schon anders. Und ist es wirklich notwendig, dass der Kollege immer auf meiner Armlehne sitzt und offensichtlich nur in meinem Computer die gesuchte Information findet?

Alles, was sich mehr als zwei Meter von uns entfernt befindet, nennen wir „öffentliche Distanz". Hier her gehören Redner, Schauspieler, Lehrer und ähnliche „öffentliche Personen". Wir empfinden es als unangenehm, wenn der Schauspieler plötzlich von der Bühne springt und versucht, uns hautnah in das Stück mit einzubeziehen. Oder wenn der Vortragende im Saal plötzlich vor uns steht und direkt anspricht. Wer ist in der Schule schon gerne in der ersten Reihe gesessen, in der direkten Schusslinie des Lehrers?

Die Signale, die wir aussenden, wenn eine unserer Distanzzonen überschritten wurde, sind meist sehr deutlich. Das Unbehagen ist greifbar.

Wer das Überschreiten der Distanzzonen nicht begreift und weiter vordringt, wird nur einen kurzen Sieg erringen. Der unsichtbare Zaun ist zwar kurzfristig niedergetrampelt, die Wahrscheinlichkeit ist aber groß, dass der andere an Stelle des Zaunes eine Mauer errichtet.

1.4 Widersprüchliche Signale richtig deuten

Wir haben gelernt, unsere Sprache zu entwickeln und zu verfeinern. Wir haben gelernt, uns hinter schönen Worten zu verstecken. Aber wir haben verlernt, unseren Körper ganz natürlich in unsere Kommunikation zu integrieren. Auf der einen Seite unterdrücken wir bestimmte Bewegungen, andererseits fördern wir bewusst Muskelbewegungen, deren Wirkung uns positiv erscheint – typisches Beispiel ist das Lächeln – immer und überall.

Was wir dabei übersehen: Unsere Wortsprache wird von unserem Sprachzentrum im Gehirn gelenkt, das in der rechten Gehirnhälfte angesiedelt ist. Dieser Gehirnteil ist vereinfacht gesagt für alle logisch-analytischen Zusammenhänge zuständig. Im Unterschied dazu entsteht die Körpersprache sozusagen „aus dem Bauch", und zwar als Reiz-Reaktionssprache ohne logisches Gefüge. Sie lässt sich daher auch nicht durch Grammatikregeln und Rechtschreibreformen beeinflussen. Jeder Mensch hat seine eigenen und vielfältigen Ausdrucksmöglichkeiten, die wir oft zu verändern versuchen. Statt diese somit internationalste aller Sprachen zu pflegen, versuchen wir sie zu unterdrücken, zu verändern und zu manipulieren.

Viele Teilnehmer in Rhetorikseminaren wollen lernen, ihre Körpersprache erfolgreicher einzusetzen. Typische „Verlierersignale" sollen verschwinden und an ihre Stelle die überlegene Sprache der Sieger treten. Der Konkurrenzkampf ist hart und jeder Vorteil ist recht. Nicht nur Spitzenmanager und Politiker haben diesen Trend erkannt – keine Lebenssituation bleibt von „Tipps zur richtigen Körpersprache" verschont.

Manchmal jedoch geht der Schuss nach hinten los. Trotz aller noch so großen Bemühungen spielt uns der Körper einen Streich. Er lässt sich eben nur bedingt manipulieren. Gefühle lassen sich nicht gänzlich unterdrücken, auch wenn sie nicht ins Image passen. Sie kommen genau dann wieder an die Oberfläche, wenn sie am allerwenigsten nach außen dringen sollten. Wir vergleichen das in unseren Seminaren immer mit einem riesengroßen Wasserball, der sich auch nur mit Mühe ständig unter der Wasseroberfläche halten lässt. Wehe, wenn er uns auskommt und unkontrolliert auftaucht!

Zugegeben, mit einigem Training lassen sich manche Teile unseres Körpers recht gut „beherrschen". Besonders unser Gesicht, es liegt ja auch ganz nahe an der „Schaltzentrale Gehirn"! Etwas schwieriger wird es, je weiter weg vom „Kommandopunkt" Körpersprache stattfindet. Besonders unsere Beine haben wir oft nicht so ganz im Griff. Bei politischen Diskussionen im Fernsehen sind die Tische deswegen meist sogar nach unten hin abgedeckt. Das Bild überzeugender Souveränität soll ja nicht getrübt werden! Dabei ist ein Blick auf Füße und Beine der handelnden Personen sehr aufschlussreich. Ist es dem Sprecher vielleicht doch nicht ganz so ernst mit der angestrebten Pensionsreform – das unruhige Hin-und-her-Wippen der Beine lässt dies vermuten. Oder befürchtet er massiven Widerstand, weil er die Fußspitze plötzlich aggressiv in Richtung Gesprächsgegner hochstreckt?

Das Erkennen und Nützen solcher Widersprüche im Gesprächsverlauf ist Inhalt vieler Schulungen. Jede mögliche Bewegung eines potenziellen Gesprächsgegners wird analysiert, zerlegt und auf Widersprüchliches hin untersucht. So wird versucht, jede noch so kleine Lüge zu entlarven. Wir vergessen jedoch, dass erst das Gesamtbild aller körpersprachlichen Äußerungen des anderen einen Schluss zulässt. Je hitziger ein Gespräch, eine Diskussion oder eine Verhandlung wird, desto schwerer tun wir uns beim bewussten Übersetzen von Körpersprache. Sie ist eben eine Sprache des Unterbewusstseins und entzieht sich unserem bewussten Zugriff.

Alle Manipulationsversuche unserer nonverbalen Ausdrucksweise schaffen beim Empfänger unserer Botschaft ein bestimmtes Bild: „Da ist einer, der will etwas verbergen. Der bemüht sich mit Händen und Füßen, mich hinters Licht zu führen!"

Diese Erkenntnis erfolgt nicht bewusst, sie wird unterbewusst als Information verarbeitet und bildet den Grundstein für den Bau einer Gesprächsbarriere. Wir ziehen uns zurück, werden vorsichtig. All die perfekt agierenden

Menschen in den Medien und bei Wahlveranstaltungen machen uns irgendwann misstrauisch, weil sie ihre „Echtheit" verlieren. Das ist genau der Punkt, den heute viele Persönlichkeiten des öffentlichen Lebens übersehen. Politiker, die von der Wählergunst abhängen, wollen alle Mittel nutzen, um sich vorteilhaft zu präsentieren. Eine marketingstrategisch festgelegte Körpersprache darf da nicht fehlen. Doch nicht allen gelingt das so gut wie Johann Strauß Sohn, der sein Geigenspiel vor dem Spiegel und vor einem imaginären Publikum übte. Er fand dadurch nicht nur seine persönliche Note als Stehgeiger, er verstand es dadurch auch hervorragend, das Orchester fast ausschließlich durch seine zügigen und weitausholenden Bewegungen zu führen.

Bei all diesen Bemühungen bleibt der echte Mensch mit all seinen Ecken, Kanten und Gefühlen auf der Strecke. An die Stelle von Überzeugungen treten „Siegersignale". Wir alle haben sehr feine Sensoren, wenn die Sprache des Körpers nicht zur Wortsprache passt. Wie bei einem schlecht synchronisierten Film verlieren wir entweder das Interesse oder wir ziehen uns vom Gespräch zurück.

Tipp

Hüten wir uns vor einer allzu bewusst manipulierten Körpersprache – statt sie zu fördern, behindert sie unsere Kommunikation!

1.5 Kugelschreiber statt Keule?

Im Lauf seiner Entwicklung hat der Mensch den Umgang mit Waffen und Werkzeugen gelernt. Werkzeuge unterstützen die Tätigkeit der Hände, sie stellen die „Verlängerung" unseres Körpers dar. Kleine Kinder erfahren sehr bald, wie hilfreich der Gebrauch von Gegenständen sein kann. Der Kochlöffel, auf den Tisch geschlagen, erzeugt sehr viel effizienter Lärm als die eigene, kleine Babyhand!

Von derart liebgewonnenen Erkenntnissen trennen wir uns auch als Erwachsene ungern. Der Chef unterstreicht seine Kritik zwar nicht mehr durch den Kochlöffel, dieser wurde in der Zwischenzeit durch ein exquisites Schreibgerät ersetzt, aber das Geräusch von Metall auf Holz klingt trotzdem sehr überzeugend!

Wir ergänzen also oft unsere Körpersprache durch die Verwendung von Gegenständen, machen damit diese Zeichen noch deutlicher, so als würden wir unsere Worte noch lauter hinausrufen wollen. Wer mit einem Kugelschreiber oder Bleistift seine Argumente unterstreicht, indem er auf einen anderen zeigt, wirkt wie ein mittelalterlicher Ritter mit seinem Speer. Wann wird er den Gegner mit seinen Argumenten verletzen?

Tipp

Drohgesten wirken durch einen Gegenstand, eine Waffe, „verstärkt" und damit doppelt so angsterregend.

Daher ist es nicht verwunderlich, wenn sich der andere zu seinem Schutz auch bewaffnet. Während ein Gesprächspartner immer wieder drohend die Mängelliste schwingt, hält sich der andere schützend ein paar Akten vor den Körper.

Meist ist die Bedrohung nicht so deutlich und trotzdem sucht ein Gesprächspartner hinter einem künstlichen Schutzwall Deckung.

→ Wer Schriftstücke oder Unterlagen so vor sich hält, ist für ein Gespräch nicht offen. Der Schutzschild blockiert die Aufnahme.

→ Ältere Damen umklammern ihre Handtasche schutzsuchend vor dem Körper, Geschäftsmänner ihre Aktentaschen. In der belanglosen und ungefährlichen Situation des Small Talks sind wir noch recht froh, zumindest ein Glas vor unserem Körper zu halten. Schutzsuchend umklammern wir es mit beiden Händen. Nur mit Mühe gelingt es dem Gegenüber, diese Abwehr zu durchbrechen und ein offenes Gespräch zu beginnen.

→ Am Verhandlungstisch werden solche Waffen oft bewusst eingesetzt. Wer sich nicht in die Karten schauen lassen will, klappt plötzlich seinen Laptop hoch. Der andere hat keinen Einblick, er weiß nicht, welche Geheiminformation da über den Bildschirm flimmert, er wird verunsichert. Eine Verhandlung, bei der sich jeder hinter seinem Laptop oder seinem Handy verschanzt, hat wenig Chancen auf konstruktive Ergebnisse. Eine solche Körpersprache sagt auch wirklich mehr als tausend Worte!

Ein Versicherungsverkäufer lernt in seiner ersten Verkaufsschulung, die Prämienhöhe stets vor den Augen des Kunden auszurechnen. Nicht nachvollziehbare Unterlagen erzeugen beim Kunden automatisch Abwehr. Nur wer mit offenen Karten spielt, wirkt überzeugend.

Ein weiteres beliebtes Machtspiel am Besprechungstisch ist das Hineinfassen in fremde Unterlagen. Ähnlich der Distanzzonen-Überschreitung empfinden wir es als aggressives Verhalten, wenn sich jemand an unseren Unterlagen zu schaffen macht – egal, ob Freund oder Feind, ob Chef oder Verhandlungsgegner. Automatisch versuchen wir, unser Territorium zu verteidigen, und rücken die Unterlagen bewusst zurecht. Schnell wird ein Gespräch von solchen Territorialkämpfen beherrscht, die sachlichen Argumente weichen immer mehr zurück. Verteidigungsschlacht statt Raumgewinn!

Ähnlich verhält es sich mit der unbewussten Territorialgewinnung am Verhandlungstisch: Der, der sich für besonders wichtig hält, breitet seine Unterlagen weitflächig aus. Er definiert damit seinen Machtbereich und schränkt den Raum des anderen ein. Er wird schwer zu Zugeständnissen bereit sein, solange er seine Fronten am Schlachtfeld so klar abgesteckt hat!

• •

Tipp

Arbeitsutensilien dienen hier der Machtdemonstration, der körpersprachlichen Kriegsführung, weit ab von sachlichen Argumenten.

• •

Aber nicht nur Gegenstände dienen zur Unterstützung der Körpersprache, auch Kleidung und Accessoires setzen unbewusst Zeichen:

Zugeknöpft oder hemdsärmelig – diese Adjektive beziehen sich nicht nur auf den Bekleidungsstil, sondern auch auf die Art zu kommunizieren. Lockert sich der Chef in der Mitarbeiterbesprechung die Krawatte, setzt er damit ein Zeichen: Ab jetzt wird's informell, sagt ruhig, was ihr auf dem Herzen habt!

Sowohl zu korrekte, steife Kleidung als auch zu betont lässige Kleidung wirken im Gespräch als Barriere. Wer sich hinter zu engen, zugeknöpften Sakkos verschanzt, dem unterstellt man leicht Engstirnigkeit. Wer mit lässigen, formlosen Schlabberhosen durchs Leben läuft, dem fehlt wohl die klare Linie, den kriegt man vermutlich schwer zu fassen.

Welche Kleidung als passend angesehen wird, hängt genauso wie die eigentliche Körpersprache von der gemeinsamen Wellenlänge ab, ganz nach dem Motto „Gleich und Gleich gesellt sich gern". Bei aller Toleranz in Modefragen suchen wir uns doch gerne unser eigenes Spiegelbild. Die Erwartungshaltung spielt dabei eine Rolle. Die junge, aufstrebende Angestellte sollte zwar durchaus im Businesskostüm auftreten, aber bitte nicht mit einem Designerstück, das edler erscheint als das der Seniorchefin!

Tipp

Wer den unausgesprochenen „Dresscode" einer Gruppe durchbricht, baut eine Barriere zwischen sich und den andern Gruppenmitgliedern auf.

Kommen wir noch einmal zu jenen Botschaften zurück, die unser Gesicht aussendet: Abwehr drückt sich hier für den anderen sehr deutlich aus.

Nach unten gezogene Mundwinkel deutet jeder als Zeichen der Missbilligung, des Missfallens, der Skepsis. Was aber, wenn jemand diesen Eindruck immer hervorruft, indem sein Schnauzbart genau die Konturen der herabgezogenen Mundwinkel nachzeichnet?

Und wie reagiert der Beobachter, wenn der Blick auf den Mund ganz verwehrt ist, weil der Bart die Lippen völlig verdeckt? Wenn ich nicht erkennen kann, welche Botschaft der Mund des anderen gerade aussendet, werde ich unsicher. Das Lächeln auf seinem Gesicht sehe ich erst, wenn er seine Zähne zeigt. Die Absicht des anderen wird damit, überspitzt gesagt, erst beim definitiven Angriff, beim Biss, erkennbar. Der Bart im Gesicht des anderen schafft so leicht Unsicherheit, Reserviertheit, eine Barriere. Haben wir jedoch positive Assoziationen mit Bärten, wollen wir oft gar nicht so genau hinter die Kulissen schauen: Wir verbinden Bart zum Beispiel mit Gemütlichkeit, warten nur auf das bestätigende Brummen des anderen und schauen gar nicht so genau hin. Unser persönlicher Erfahrungsfilter hat uns einen Streich gespielt und der „Bärtige" spielt vielleicht ganz gerne mit.

Eine weitere Barriere im Gesicht können Brillen darstellen. Wer während eines Gesprächs in einem geschlossenen Raum die dunklen Sonnenbrillen aufbehält, erweckt den Eindruck, etwas verbergen zu wollen. Wer besonders starke Brillengläser benötigt, dessen Augen werden für den Gesprächspartner optisch verändert. Die Wirkung der Augen kann so hervorgehoben oder verschleiert werden. Gesprächspartner reagieren auf solche optischen Täuschungen unbewusst irritiert. Einer offenen Körpersprache kommt in solchen Situationen eine besondere Bedeutung zu. Es werden ja Gott sei Dank einzelne Signale nicht nur isoliert betrachtet!

Wer aber sein „Handicap" Brille dadurch umgehen will, dass er den anderen von unten nach oben über den Brillenrand hinweg mustert, erzielt die gegenteilige Wirkung. Er schiebt den Gesprächspartner auf Distanz. Gleiches gilt für die kleinen, halbrunden, typischen „Chef-Lesebrillen", über deren Rand sich auch wunderbar mit hochgezogenen Augenbrauen von oben herab auf den anderen blicken lässt. Diese Brille, eigentlich zum Lesen gedacht, wird so als „Machtinstrument" missbraucht.

Aber nicht nur Brillen und Bärte verschleiern die Gesichtszüge. Auch zu stark aufgetragenes Make-up, auffällige Frisuren und übertriebener Schmuck können den Betrachter von der eigentlichen Sprache des Gesichtes, der Mimik ablenken.

Die Barrieren, die wir mit unserem Körper bauen, können also vielfältig sein. Wir reagieren damit auf die jeweilige Situation. Der andere erkennt diese Signale und reagiert seinerseits darauf. Er versteht diese Sprache der Körpersignale genauso intuitiv, wie wir sie sprechen. Wird unsere Signalsprache, unsere Sprache hinter den Worten nicht gestört, kommunizieren wir auf dieser Ebene, oft völlig unabhängig von unseren gesprochenen Worten. Wir haben nur allzu oft verlernt, auf diese intuitive Sprache zu hören. Häufig ist sie auch noch zusätzlich gestört: durch bewusstes Verändern und Manipulieren der eigenen Mimik und Gestik oder durch physische Barrieren, die den Blick auf den Körper oder Teilen davon verstellen. Gesprächsbarrieren können also durch Körpersprache an sich, aber auch durch Körper-Sprachstörungen entstehen. Sie ist ziemlich kompliziert, unsere Sprache hinter den Worten.

Barrieren im Kopf

2.1 Einstellungsblockaden

Das größte Hindernis auf dem Weg zu einem guten Gespräch befindet sich meist im eigenen Kopf. Eine Unzahl von Fragen schwirrt durch unser Gehirn, bevor wir ein Gespräch beginnen:

→ Wer steht da vor mir – Freund oder Feind?
→ Was will er von mir?
→ Was will ich von ihm?
→ Wird er mir überhaupt zuhören?
→ Interessiert ihn das, was ich sage?
→ Was ist, wenn ich etwas Falsches sage?
→ Was ist, wenn mir plötzlich nicht mehr einfällt, was ich sagen wollte?
→ Wie reagiere ich, wenn er unfreundlich antwortet?
→ Was ist, wenn er mich nicht sympathisch findet?

Diese Liste der inneren Fragen ließe sich beliebig fortsetzen. Nicht immer gehen wir sie alle bewusst durch, aber im Hinterkopf hat jeder von uns diese Fragen, bevor er mit einem anderen ein Gespräch beginnt. Je mehr Zeit wir haben, desto mehr beschäftigen wir uns auch mit den möglichen Antworten.

Es ist nun eine Frage der Einstellung, der grundsätzlichen Haltung eines Menschen, zu welchen Schlüssen er vorweg kommt. Der typische Optimist klopft sich selbst ermutigend auf die Schulter und ist überzeugt: „Wird schon gutgehen!" Er sucht sich am anderen all jene Merkmale heraus, die für einen positiven Verlauf der Begegnung sprechen.

Anders der Pessimist: Er sieht genau die gegenteiligen Informationsbruchstücke. Alles, was darauf hindeutet, dass der andere nicht freundlich gesinnt ist, wird registriert. Die Phantasie und mögliche bisherige negative Erfahrun-

37

gen helfen kräftig mit. Schon sind wir beim berühmten Beispiel von Paul Watzlawik, in dem ein Mann sich von seinem Nachbarn einen Hammer ausborgen will und wegen all seiner vorherigen Zweifel zu dem Schluss kommt, dass der Nachbar ihm ganz sicher diesen Hammer nicht borgen wird. Erbost klingelt er bei ihm und brüllt dem Verdutzten ins Gesicht, er könne seinen blöden Hammer behalten! Zugegeben, ein sehr krasses Beispiel – aber so oder ähnlich laufen die Gedanken in unseren Köpfen sehr oft ab. Nicht nur vor wichtigen Gesprächen, gerade auch in vielen Alltagssituationen tappen wir genau in diese „Negativfalle".

Geht es um ein wichtiges geschäftliches Gespräch, sind wir uns meist bewusst, dass zu einer richtigen Vorbereitung auch die positive Einstellung gehört. Viele Ratgeber predigen (zu Recht) diesen Grundsatz. Im letzten Firmenmotivationsseminar hat es der Seminarleiter ja schließlich auch gesagt. Also stellen wir bewusst eine Liste von positiven Aspekten auf, um mentale Hürden zu überwinden.

Anders im Privatleben oder zu gesellschaftlichen Anlässen: Bei belanglosen Gesprächen fällt es uns oft schwer, positiv auf andere zuzugehen. Small Talk ist deshalb von vielen so gefürchtet – jeder möchte möglichst im besten Licht erscheinen, nur ja nichts Uninteressantes von sich geben und schon gar nicht in ein Fettnäpfchen treten. So konzentrieren wir uns auf das, was wir alles NICHT machen sollen – und die „Negativfalle" ist damit weit offen!

Die „Kleinmacher-Blockade"

Die meisten Einstellungsblockaden liegen in unserer negativen Sichtweise begründet. Wir klammern uns immer viel zu sehr an all die negativen Erwartungen. Wir überlegen eher, welche Schwächen wir an uns beseitigen sollten, als uns auf unsere positiven Seiten zu konzentrieren. Der Großteil unserer Selbstgespräche hat Negatives zum Thema: „Typisch, das kann ja wieder nur mir passieren!" Und unser Körper hört uns geduldig zu. Unsere Gedanken beeinflussen unser Verhalten. Je nachdem, wie wir sie programmieren, agieren wir auch. Mit unserer inneren Kommunikation lenken wir unser Selbstbewusstsein.

Tipp

Richten Sie daher Ihre „Gespräche mit sich selbst" auf ein bestimmtes Ziel aus und formulieren Sie vor allem aufbauend und
motivierend, formulieren Sie POSITIV! In unseren Seminaren empfehlen wir stets, Selbstgespräche so zu führen, als wenn Sie mit einem
lieben Freund sprechen würden.

Ein weiterer typischer „Kleinmacher" ist das Nicht-annehmen-Können von
Lob. „Das ist ja nichts Besonderes, das ist doch ganz selbstverständlich!", ant-
wortet manche Mitarbeiterin ihrem Chef, statt sich offen zu freuen über sein
Lob und es mit einem schlichten „Danke" anzunehmen.

Wir wollen hier aber keine Lanze für übertriebene Selbstdarstellung bre-
chen und die Bescheidenheit verdammen. Es geht uns vielmehr um die richtige Einschätzung der eigenen Leistung, um ein natürliches Selbstwertgefühl.

Tipp

Lernen Sie, Ihre Fähigkeiten und Leistungen zu achten – nur
dann werden es auch die anderen tun. Verstecken Sie sich nicht,
sondern präsentieren Sie sie in angemessener Form: ruhig, offen
und überzeugend.

Betreiben Sie in diesem Sinne ruhig Marketing in eigener Sache. Haben Sie
schon einmal ein Unternehmen gesehen, das zwar sein Produkt verkaufen
will, es aber ins hinterste Regal stellt?

Die Negativspirale im Kopf

Das Gefährliche an unseren Einstellungsblockaden ist die Tatsache, dass sie
sich stetig vergrößern und verfestigen. Wer sich in einer Negativspirale befindet, setzt Stein auf Stein und baut an seiner geistigen Mauer. Bald ist ihm
so die Sicht auf die Realität verwehrt. Unsicherheit hat die Tendenz, sich zu

Kapitel 2: Barrieren im Kopf

verstärken. Wer diesen Kreislauf nicht durchbricht, steht sich so zunehmend selbst im Weg.

Woher aber kommen diese festgefahrenen Einstellungen, die uns daran hindern, offen auf andere zuzugehen?

Jeder Mensch braucht Normen, ein festes Gefüge, in dessen Rahmen er sich bewegen kann. Wer die Grenzen nicht erkennt, wird unsicher. Gerade das menschliche Zusammenleben funktioniert nur unter der Voraussetzung, dass sich alle Beteiligten an gewisse Spielregeln halten. So bildet jede Gesellschaft ihre eigenen Normen und Wertvorstellungen aus, die festlegen, was richtig und was falsch ist, wo die Grenzen liegen.

Es gibt jedoch in jeder Gesellschaft – und das gilt ganz besonders für unsere heutige, pluralistische – immer wieder Freiräume. Dort schaffen wir uns unsere eigenen Regeln oder leiten sie von den „allgemein anerkannten" Normen ab. Genau da tappen wir in die Falle: Die vermeintliche Freiheit täuscht. Jeder kann seinen eigenen Weg gehen – Hauptsache, er ist erfolgreich. Nur wer gewinnt, hat es auch richtig gemacht. Für Verlierer ist kein Platz in dieser Gesellschaft.

Doch wir alle erleiden dennoch immer wieder auch Niederlagen. Niemand kann immer nur gewinnen. Unsere Gesellschaft bietet jedoch kaum Strategien an, mit Verlust und Niederlagen umzugehen. Die einzig zur Verfügung stehende Methode heißt: verdrängen. Und genau das tun wir oft. All die kleinen Niederlagen werden in den hintersten Winkel unseres Bewusstseins geschoben, wo sie sich jedoch leider nicht auflösen, sondern festsetzen. Wir kehren Negatives so lange in diesen Winkel, bis der Berg dort nicht mehr zu ignorieren ist. Dann schlägt die Siegerstimmung plötzlich um: Das schöne Wertebild passt nicht, wir fühlen uns auf allen Linien als Versager. An die Stelle des Strebens nach Perfektion tritt Pessimismus. Wir trauen uns nichts mehr zu und diese pessimistische Einstellung strahlen wir aus. Und schon sitzen wir in der Negativspirale fest.

Tipp

Diese „Negativ-Programmierung" blockiert unseren Weg zurück auf die Siegerstraße. Nur wer lernt, kleinere und auch große Niederlagen hinzunehmen, daraus zu lernen und trotzdem wieder

an sich zu glauben, findet den Weg zurück. Nur, wer seine inneren Einstellungsblockaden selbst aus dem Weg räumt, hat wieder den Blick frei.

2.2 Schlechte Erfahrungen prägen

Unser Wahrnehmungs- und Erkennungssystem funktioniert wie ein Filter.
Das Filternetz wurde aus allen bisherigen Erfahrungen gewoben. Jede neue
Information durchläuft diesen Filter – er entscheidet, was als unwichtig,
uninteressant oder gar bedrohlich herausgefiltert wird und was bis in unser
Bewusstsein dringen darf.

Dieser Filterungsprozess muss sehr rasch funktionieren. In Sekundenbruchteilen entscheiden wir darüber, ob der andere einen positiven oder negativen Eindruck bei uns hinterlässt, und je mehr Menschen wir treffen, je mehr
Dinge an uns herangetragen werden, desto schneller und verlässlicher muss
dieser Filter funktionieren. Ohne ihn wären wir nicht fähig zu überleben.

Gerade im täglichen beruflichen „Nahkampf" ist es meist notwendig,
blitzschnell zu entscheiden. Ohne den eben beschriebenen „Erkennungsfilter"
ist das allerdings unmöglich, er soll möglichst rasch, umfassend und störungs-
frei funktionieren – ziemlich viel verlangt von einem Gebilde, das nicht zuletzt aus negativen Erfahrungen besteht. Will ich meine Wahrnehmung nicht
zu sehr von negativen Erfahrungen bestimmen lassen, muss ich diese kritisch
hinterfragen:

→ Was genau habe ich erlebt?
→ Wann habe ich diese Erfahrung gemacht?
→ Was passiert, wenn ich ähnliche Situationen erlebe?
→ Wie prägen schlechte Erfahrungen meine Meinung?

Wir haben die Wahl, was wir aus unseren Erfahrungen lernen wollen. Der alte
Satz „Jedes negative Ding hat auch sein Gutes" trifft oft zu. Es liegt an uns,
auch das Gute zu erkennen. Wer immer nur das Negative sieht, blockiert sich
und seine Gedanken. Wer immer nur negative Schlüsse aus seinen Erfahrungen zieht, wird nach und nach innere Blockaden aufbauen.

2.3 Angst und Flucht beginnen im Kopf

Neben seinen materiellen Gütern verfügt jeder Mensch noch über einen unschätzbar großen Reichtum: sein Wissen, seine Gedanken. Diesen geistigen Reichtum verbrauchen wir tagtäglich. Wir sind uns des Ausmaßes dieses Reichtums meist nicht bewusst und trotzdem verteidigen wir ihn gegen Angriffe von außen.

Dringt jemand in dieses geistige Territorium ein, reagieren wir oft irritiert. Stellen Sie sich zum Beispiel ein Gespräch unter Kollegen vor: Der eine, ein echter Fachmann auf seinem Gebiet, wird vom anderen genau zu seinem Thema befragt. Doch statt ihn ausreden zu lassen, unterbricht der Kollege ihn ständig und versucht, sein eigenes „Fachwissen" von sich zu geben. Wie ein typischer Besserwisser! Der echte Fachmann wird sich schnell zurückziehen und am liebsten nichts mehr von seinem Erfahrungsschatz hergeben. Seine Antworten werden immer einsilbiger, er baut eine Mauer um sein „geistiges Territorium". Das Gespräch wird zum verbalen Rückzugsgefecht.

Wer so in das geistige Territorium eines anderen eindringt, darf sich nicht wundern, wenn er keine Information erhält, auf Abwehr stößt und den anderen damit in die Flucht schlägt.

Die ersten Anzeichen der „Fluchtgefahr" spiegeln sich in den Augen. Wer sich in die Enge getrieben fühlt und keine Chance zum Gegenangriff sieht, der wird sich zunächst möglichst unauffällig nach einem Fluchtweg umsehen. Die Augen beginnen unruhig im Raum umherzuirren. Die Augen zucken und die Pupillen ziehen sich zusammen. Der Blick wird geschärft, um den richtigen Fluchtweg zu erkennen.

Der Atem wird unmerklich angehalten. Dann spannen sich andere, für die Flucht notwendige Muskelpartien an. Die Schultern heben sich unmerklich und die Nacken- und Brustmuskulatur verspannen sich. Die Füße und die Hände beginnen sich unruhig zu bewegen, werden aktiv und nehmen die Flucht schon „vorweg". Dann spannt sich der ganze Körper an, die Alarmbereitschaft ist auf höchster Stufe – der Mensch ist bereit zum rettenden Sprung. Und während dies alles abläuft, spricht er ruhig und manierlich weiter. Würde man nur auf seine Worte hören, käme man nie auf die Idee, dass sich da einer davonstehlen will. Nur die „versteckten Zeichen" verraten die wahren Absichten. Aber begonnen hat diese Flucht im Kopf, in den Gedanken.

Denk- und Merkblockaden

Konnten Sie sich als Kind im Mathematikunterricht trotz aller Worte des Lehrers auch so schwer den Unterschied zwischen Ebene und Raum vorstellen? Oder passiert es gelegentlich, dass Ihnen der Name Ihres Gegenübers nicht und nicht einfallen will? Peinlich, aber leider nur allzu oft Realität und für eine Gesprächssituation nicht gerade förderlich.

Liegt das an der mangelnden Vorstellungsgabe eines Schülers bzw. an Ihrem hoffnungslos schlechten Namensgedächtnis? Woher kommen solche Blockaden im Gehirn? Eine Erklärung, die wir in diesem Zusammenhang sicher schon zu hören bekommen haben: „Du nimmst die Dinge, die Du dir nicht vorstellen oder merken kannst, einfach nicht wichtig genug! Den Namen des Schauspielers, für den Du damals geschwärmt hast, den hast Du Dir ja auch gemerkt!" Dieses Argument ist schwer zu entkräften. Aber steckt nicht mehr hinter diesen Blockaden?

Um der Sache auf den Grund zu gehen, müssen wir uns kurz mit der Funktionsweise unseres Gehirnes auseinandersetzen: Unser Gehirn besteht aus zwei Gehirnhälften, die jeweils völlig voneinander unterschiedliche Aufgaben erfüllen.

Im Folgenden eine sehr vereinfachte Übersicht über unsere beiden Gehirnhälften und ihre Funktionen:

Rechts:	analoge und
	nonverbale Erfassung
	Gefühl, Intuition
	ganzheitliches Denken, Verbindung von Wörtern und Gedanken
	zuständig für Musik, für Bewegung, für Kreatives
	für Raumgefühl, Gesamtbild, Überblick
Links:	digitale und
	verbale Erfassung
	Logik, Ratio
	analysiert, erkennt Einzelheiten
	Zeitgefühl
	zuständig für Wissenschaft, Gesetze
	trennt Wörter und Gedanken

Diese Arbeitsteilung unserer Gehirnhälften ist eine sinnvolle Sache: Wie in einem Unternehmen, in dem alle Abteilungen zur Erreichung des Gesamterfolgs zusammenarbeiten, helfen uns unsere zwei „Gehirnabteilungen", alle an sie gestellten Aufgaben optimal zu bewältigen. Sie ermöglichen uns, überhaupt erst zu lernen, Informationen aufzunehmen und zu behalten – allerdings nur dann, wenn wir auch beide Gehirnhälften ansprechen und einsetzen. Unsere linke Gehirnhälfte hört oder liest einen Begriff, während die rechte ein Bild dazu sucht. Haben wir kein entsprechendes Bild gespeichert oder bekommen wir kein passendes „mitgeliefert", wird unsere Merk- oder Aufnahmefähigkeit beeinträchtigt.

Nicht immer funktionieren beide Gehirnhälften gleich gut. Jeder Mensch ist in seinen Anlagen verschieden, er verwendet von Natur aus entweder mehr die rechte oder die linke Gehirnhälfte. Im Laufe unserer Entwicklung haben wir auch beide Hälften unterschiedlich stark gefördert und trainiert. Wer zum Beispiel schon als Kleinkind wenig Zugang zu kreativen Ausdrucksmitteln hatte, dessen rechte Hälfte wurde möglicherweise weniger stark gefördert und entwickelt. So entstehen Defizite, die unsere „Denkarbeit" beeinflussen.

Fehlleistungen, wie die vorher beschriebenen, stammen aus solch einer mangelnden Zusammenarbeit unserer beiden „Denkhälften". Arbeiten wir nämlich mehrheitlich mit unserer linken Gehirnhälfte – was in unserer „ratiobetonten" Gesellschaft üblich ist – fehlen uns die Bilder zu den gehörten Begriffen und es fällt uns schwer, uns eine einmal akustisch wahrgenommene Sache zu merken. Ist es nicht viel einfacher, den Unterschied zwischen Ebene und Raum zu *begreifen*, als ihn nur wortreich umschrieben zu bekommen?

Tipp

Stellen Sie sich zu wichtigen Begriffen Bilder vor, verknüpfen Sie Fakten mit Bildern, um sich Dinge zu merken, um sie langfristig „greifbar" zu machen.

Werden Sie zum Bilder-Maler

Versetzen Sie sich in die Rolle eines Telefonverkäufers: Er hat es ziemlich schwer, muss er doch ein Produkt anpreisen, das sein Kunde nicht sehen und angreifen kann. Welche Möglichkeiten hat er? Er kann dem Kunden alle Vorzüge und Fakten aufzählen, ihn mit Zahlen überhäufen. Irgendwann wird der Kunde müde und unterdrückt ein Gähnen. Oder er beschreibt dem Kunden die Farbe, die Form, die Ausmaße des Produkts, wie laut oder wie leise es funktioniert. Er verwendet bildhafte Vergleiche. Er schildert ihm eine Situation, in der der Kunde das Produkt verwenden kann. Kurz gesagt: Er malt dem anderen ein inneres Bild. Wollen Sie also die Vorstellungsblockade Ihres Zuhörers überwinden, werden Sie zum Maler bewegter, lebendiger Bilder.

Tipp

Diese Fähigkeit ist trainierbar. Alles was Sie dazu tun müssen, ist, selbst solche Bilder gestochen scharf vor Ihrem geistigen Auge entstehen zu lassen, sich selbst Situationen zu verbildlichen, zu verdeutlichen. Kombinieren Sie die digitale mit der analogen Darstellung und unterstützen Sie damit die Merkfähigkeit und Vorstellungskraft bei sich selbst und bei Ihrem Gesprächspartner.

Allerdings wird neben dem Verbildlichen die persönliche Beziehung zu dem Gegenstand bzw. das Interesse für die jeweilige Information den Merkerfolg vergrößern. Insofern hatte der Lehrer in der Schule schon recht, der seinen Schülern mangelndes Interesse vorwirft. Je interessierter wir durchs Leben gehen, desto mehr leistet auch unser Gehirn. Wenn wir bedenken, dass wir alle nur einen Bruchteil unserer Gehirnkapazität ausnützen, können wir die kleinen grauen Zellen ruhig zu etwas mehr Arbeit anspornen.

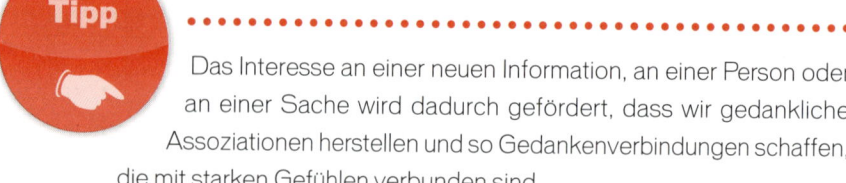

Tipp

Das Interesse an einer neuen Information, an einer Person oder an einer Sache wird dadurch gefördert, dass wir gedankliche Assoziationen herstellen und so Gedankenverbindungen schaffen, die mit starken Gefühlen verbunden sind.

So ist es auch möglich, dass sich Menschen bis ins hohe Alter scheinbar kleine Details aus ihrer Jugend merken, obwohl sie diese Assoziationen mit eben Erlebtem nicht mehr herstellen können und es daher sofort vergessen.

Bei unseren Schulungen ist das Merken der Teilnehmernamen ein wichtiger Bestandteil. Uns persönlich kommt dabei diese Arbeitsweise unseres Gehirns sehr zugute: Wir konzentrieren uns in der Vorstellungsrunde eines Seminars sehr genau auf den Menschen und nehmen den Namen in Kombination mit Aussehen, Sitzplatz oder Unternehmen des Seminarteilnehmers bewusst und interessiert wahr. Mit einem weiteren Blick auf die Teilnehmerliste ist der Namen relativ lange Zeit auch nach dem Seminar noch in unserem gedanklichen Namenskarteikasten gespeichert.

Bauen Sie sich Gedankenbrücken zu einem Namen und trainieren Sie auch gleich mehrfach, über diese Brücke zu gehen: Wir sprechen möglichst jeden Seminarteilnehmer in den ersten Gesprächen mit Namen an.

Tipp

Ein weiterer Tipp aus unserer Seminarpraxis zur Vermeidung peinlicher Situationen im Zusammenhang mit der Namensnennung ist, dass wir uns angewöhnt haben, unsere Namen sehr deutlich jedem Seminarteilnehmer bei der Begrüßung mitzuteilen. Dies hilft den meisten über die ersten Kommunikationsbarrieren hinweg, jeder weiß, mit wem er es zu tun hat. Und jeder sagt gerne auch freiwillig seinen Namen, versteckt sich nicht in der Anonymität.

Namen lassen sich auch einfacher mit Hilfe der guten alten „Eselsbrücken" einprägen. Ein Herr Berkhuber lässt sich leichter merken als „So wie der Huber vom Berg, nur mit K!" Stellt er sich selbst so vor, schafft er damit eine sehr persönliche akustische Visitenkarte. Er macht es den anderen leichter, sich den Namen zu merken, und verhindert so eine typische Gesprächsblockade beim nächsten Zusammentreffen.

Je mehr wir beide Gehirnhälften aktivieren, desto eher verhindern wir Denk- und Merkblockaden. Die Verbindung von Logik und Gefühl, von Sprache und Bildern, von Details und Gesamtbild macht es erst möglich Dinge, wirklich zu *begreifen*.

Nützen wir die unendlichen Möglichkeiten unseres Gehirns! Statt Barrieren im Kopf entstehen zu lassen, schöpfen wir lieber aus diesem Reichtum an Fähigkeiten! Unser Gehirn ist ein Wunderwerk an Vielfalt, geben wir uns nicht damit zufrieden, dass es nur Dienst nach Vorschrift leistet!

Was ich nicht kenne, ist mir unheimlich

Angst ist eine der größten Barrieren, die wir alle in unseren Köpfen herumtragen. Die Angst hat aber auch eine sehr nützliche Funktion. Ohne sie würden wir uns viel zu oft in Gefahr begeben. Ein natürliches Maß an Angst schützt uns vor Gefahr. Aber ein Zuviel an Angst wird zum geistigen Hemmschuh. Ein Übermaß an Angst bremst den geistigen Drang nach Neuem. Wer sich nie traut, bekannte Wege auch nur eine Handbreit zu verlassen, geht ewig den gleichen Trampelpfad – und das auch noch im Kreis! Die Angst vor dem Neuen, Unbekannten hemmt den Fortschritt. Nur, wer diese Angst überwindet, schafft einen Schritt voran.

Wir Menschen brauchen Bewegung in unserem Leben – vor allem auch geistige. Erst unser Bedürfnis nach neuen Erfahrungen lässt uns agieren und entscheiden. Jemand, der mit 30 alles, was er sich vorgenommen hat, erreicht hat, stagniert. Menschen, die nur auf Sicherheit in ihrem Leben bauen, bauen sich selbst einen Hamsterkäfig, in dem sie dann nur noch im Kreis laufen, ohne vom Fleck zu kommen. Sie reagieren, statt selbst zu agieren.

Kluge Chefs schauen daher einem Bewerber für eine neue Stelle in die Augen. Sehen sie dort diese Bereitschaft für geistige Beweglichkeit, rückt die fachliche Qualifikation manchmal in den Hintergrund. Vieles kann in gezieltem Training erworben werden, nicht jedoch die Bereitschaft, sich neuen Herausforderungen zu stellen. Ausschlaggebend ist das „Feuer in den Augen", die Lust, neue Erfahrungen zu machen, neue Wege zu gehen.

Signale und Barrieren im Raum

Die Grenzen zwischen sichtbaren und unsichtbaren Barrieren sind fließend. Barrieren, die sich vor mir im Raum befinden, können die inneren Barrieren in meinem Kopf verstärken, meine Gefühlsbarrieren vergrößern. Manchmal wirken solche Barrieren im Raum jedoch auch genau gegenteilig: Wen reizt es nicht, über eine Mauer oder um die nächste Ecke zu spähen? Hindernisse, die sich unserem Blick in den Weg stellen, erwecken unsere Neugier, sie spornen uns an, unsere Anstrengungen zu verdoppeln.

Diesem Verhalten liegt eine einfache Tatsache zugrunde: Jede Barriere erweckt in uns das Gefühl, dass dahinter etwas Interessantes, Wichtiges oder Bedrohliches verborgen wird. Diese Ungewissheit ist uns unangenehm, wir wollen Gewissheit, wollen sehen, was da vor uns versteckt wird. Denn was wir nicht sehen, können wir nicht einschätzen, nicht durch unseren persönlichen Filter laufen lassen. Wir wissen nicht, wie wir reagieren sollen. Droht uns Gefahr? Oder wird uns etwas Wertvolles vorenthalten? Diese Unsicherheit bestimmt unser Verhalten in solchen Situationen.

Im folgenden Kapitel wollen wir uns daher mit den kleinen und großen, den sichtbaren und den unsichtbaren Barrieren im Raum und ihren Auswirkungen auf unser Verhalten befassen. Sollte Ihnen die eine oder andere beschriebene Situation aus Ihrem privaten oder geschäftlichen Bereich bekannt vorkommen, machen Sie sich bewusst, dass Sie dadurch das Verhalten der Menschen, mit denen Sie zu tun haben, beeinflussen. Sind diese Effekte von Ihnen beabsichtigt oder sollte nicht doch die eine oder andere Hürde im Sinne einer besseren Kommunikation beseitigt werden?

3.1 Vor verschlossenen Türen

Der erste Eindruck ist in einer Zeit der unzähligen Sinneseindrücke und kurzen Wahrnehmungssequenzen besonders bedeutend. Die Weichen für die spätere Beziehung zweier Menschen zueinander werden blitzschnell in den ersten Augenblicken gestellt. Drei Sekunden entscheiden über Sympathie oder Abneigung, Erfolg oder Misserfolg. Sind diese ersten Augenblicke geprägt von einer physischen Barriere, wie zum Beispiel einer verschlossenen Tür, wird die zukünftige Beziehung nur mit Mühe erfolgreich werden.

Habe ich einen Gast zu mir nach Hause eingeladen, ist es selbstverständlich, ihn nicht vor der verschlossenen Haustüre warten zu lassen. Ich werde ihm nach Möglichkeit entgegenkommen und die Türe öffnen, ihm einen herzlichen und freundschaftlichen Empfang bereiten.

Im öffentlichen und geschäftlichen Bereich werden wir häufig ganz anders empfangen. Eine mächtige, schwer zu öffnende Tür versperrt den Zutritt. Unklare Beschriftungen erschweren das Weiterkommen. Ein unfreundlicher Portier, ein finsteres Stiegenhaus und ein Lift außer Betrieb schaffen weiteren Unmut. Der Besucher ist nicht gerade positiv gestimmt, wenn er endlich an sein angestrebtes Ziel kommt. Der erste Mitarbeiter, der ihm entgegentritt, muss oft dafür büßen und wundert sich, warum heute schon der X-te Besucher so unfreundlich daherkommt.

Tipp

In unseren Schulungen zum Thema Kundenempfang fordern wir die Teilnehmer stets auf, gedanklich mit den Augen des Kunden, des Klienten oder Patienten den Zutritt zu ihrem jeweiligen Unternehmen zu betrachten.

Geht man selbst tagtäglich durch dieselbe Türe aus und ein, fällt einem schon lange nicht mehr auf, wie schwer sie sich eigentlich öffnen lässt. Man kennt ja den Trick, dass man die Tür erst zu sich ziehen und dann mit dem ganzen Gewicht dagegen lehnen muss!

Die Macht der versteckten Signale

Vielfach hören wir an dieser Stelle den Einwand, man sei ja nicht für die Eingangstür und den Hausflur verantwortlich. Das mag zwar formal richtig sein, nur für den Besucher beginnt der erste Eindruck genau hier, nämlich an der Eingangstür. Er unterscheidet nicht nach rechtlichen Zuständigkeiten, sondern nach seinem individuellen Gefühl des Unbehagens. In manchen Fällen befindet er sich auch noch in einer Ausnahmesituation, ist emotional angespannt, so zum Beispiel beim Arztbesuch oder auf dem Weg zum Anwalt. Fühle ich mich an sich schon verunsichert, weil etwas Unbekanntes, vielleicht auch Bedrohliches vor mir liegt, wiegt es doppelt schwer, wenn ich mich vergeblich bemühe, eine Tür zu öffnen.

Auch wenn die folgenden Situationen überzeichnet scheinen – vielleicht erkennen Sie doch die ein oder andere „Zutrittshürde" trotzdem wieder:

→ Die Eingangstür klemmt. Je nervöser der Besucher rüttelt, desto weniger will sie sich öffnen.

→ Die Eingangstür öffnet sich nach außen, das heißt, jeder, der eintritt, muss zuerst einen Schritt zurück machen – der erste Schritt zur Flucht?

→ Beim Öffnen knarrt die Tür wie in einem Geisterschloss, der neue Klient sucht geradezu nach den Spinnweben dahinter. „Viele Klienten kann diese altehrwürdige Anwaltskanzlei ja nicht haben!", denkt er spontan.

→ Der Irrgarten der Türschilder macht es unmöglich, die richtige Klingel zu finden. Will ich jetzt zu „Dr. K. Mayer", zum „Anwaltsbüro Dr. Mayer & Partner" oder zu „Dr. G. Maier – Anwalt"?

→ Der Summton des Türöffners ertönt, aber leider viel zu kurz, um sich rechtzeitig gegen die Tür zu werfen. – Es ist einfach peinlich, mehrmals anläuten zu müssen.

→ Über die Gegensprechanlage ertönt nur ein scharfes Krächzen, ein undeutliches Murmeln oder ein unfreundliches „Jaaa?".

→ „Die Türklingel befindet sich rechts, der selbst zu betätigende Türöffner links, und bitte gleichzeitig mit beiden Händen die Türklinke bedienen und ach ja, Achtung Stufe!", und wer hält mir einstweilen Tasche und Schirm?

→ Vor der Eingangstür und/oder im Treppenhaus ist es stockfinster, die Beleuchtung ist kaputt, und Nichtraucher ohne hilfreiches Feuerzeug müssen auf den nächsten Morgen warten – wer geht denn schon mit einer Taschenlampe zum Steuerberater?

→ Die Beschriftung auch innerhalb des Hauses ist mehr als verwirrend: Soll ich jetzt die Stufen rechts hinauf in den ersten Stock, den Lift links oder den Gang links gehen? Oder lieber gleich freiwillig in den Keller?

→ In manchen modernen Bürogebäuden fühlt man sich wie in den Geheimtrakten des Pentagon: Ohne Zahlencode geht gar nichts! Weder bewegt sich der Lift nach oben, noch öffnet sich die schöne Glastür zum Paradies, hinter der man schon die Empfangsdame erblickt, die leicht belustigt den Ausgang der eigenen Bemühungen zum Knacken des Codes beobachtet. „Ich hab' es Dir doch schon bei Deinem letzten Besuch erklärt! 0815!!" Steht unter ihrer hochgezogenen Augenbraue zu lesen.

→ Kämpft man in den neuen Designerbüros mit den Tücken der Technik, so sind es in den altehrwürdigen Häusern oft die mehr oder weniger deutlichen Zeichen des Verfalls, die es zu überwinden gilt. Lose Bodenfliesen, abgetretene Stufen, unebene, rutschige Steinstufen und andere Fallen sind schon so manchem „Ortsunkundigen" zum Verhängnis geworden. Wollte man ursprünglich nur zum Augenarzt, hat nun auch der Orthopäde einen Stock tiefer einen Patienten mehr.

Egal, ob Kunde, Klient, Patient oder einfach nur Besucher, so einen negativen ersten Eindruck gilt es zu vermeiden.

3.2 Barriere Empfang

Die nächste Hürde, die sich in vielen Bereichen des öffentlichen Lebens vor uns auftut, ist der Empfang: Egal ob im Finanzamt, beim Arzt, im Büro eines Geschäftspartners – immer wieder finden wir uns vor mehr oder weniger hohen Pulten wieder, wo wir erstmals unser Anliegen vortragen müssen und auf rasche Erledigung hoffen. Je offener und freundlicher dieser Bereich gestaltet ist, desto leichter fällt der Einstieg in eine gute Geschäftsbeziehung. Doch leider stehen uns gerade in diesem Bereich so manche Hindernisse im Weg.

Offensichtlich gilt hier das Motto: „Die Arbeit wäre sehr angenehm, das einzige, was stört, sind die Kunden!"

Das hohe Empfangspult selbst ist oft schon das größte Hindernis. Die Unternehmensphilosophie wird uns sofort unmissverständlich klar: „Unser Unternehmen kommt um die Tatsache nicht herum, Besucher empfangen zu müssen, aber zu nahe an uns heran lassen wir sie sicher nicht!" Was nützen da edles Design, teure Materialien und echte Kunstwerke, wenn doch nur alles dazu dient, den Besucher möglichst weit wegzuschieben?

Folgende Barrieren entdecken wir immer wieder – und nicht nur in Finanzämtern:

→ Das Empfangspult ist so hoch, dass auch ein groß gewachsener Mensch sich auf die Zehenspitzen stellen muss, um die freundliche Dame dahinter zu entdecken.

→ Statt eines offenen Pultes erwartet den Besucher ein kleines Fenster, durch das er seine Bitte vortragen muss. Manchmal ist das Schild „Anmeldung" größer als das Fenster selbst. Wie ein Bittsteller soll er seinen Antrag durchreichen und dann möglichst rasch von der Bildfläche verschwinden.

→ Eine Glaswand sperrt den lästigen Besucher gleich ganz weg. Durch unauffällige „Redeschlitze" kann er sein Anliegen vortragen. Was aus Sicherheitsgründen gedacht ist, zum Beispiel in einer Bank oder am Fahrkartenschalter am Bahnhof, blockiert die Kommunikation fast vollständig. Wer spricht schon gerne mit einer Wand? Auch die selbstsichersten Menschen beschleicht in so einer Situation ein Gefühl des Unangenehmen.

→ Der Mitarbeiter am Empfang würdigt den Besucher keines Blickes. Der negative Eindruck der Raumgestaltung wird durch die Nichtbeachtung massiv verstärkt.

Tipp

Machen Sie räumliche Barrieren am Empfang durch besondere Freundlichkeit wett. Nichtbeachtung ist die größte Barriere beim Gesprächseinstieg!

→ Der Mitarbeiter am Empfang wendet dem Besucher seine „Knochenseite" (siehe Kap. 1.3) zu. Für ihn ist es oft bequemer, er hat seinen Arbeitsplatz so optimal im Griff. Der Kontakt zum Besucher findet allerdings nur seitlich, über die Schulter hinweg statt. Kein Wunder, wird dieser ärgerlich, wenn er nur eine kalte Schulter vor sich hat – Missverständnisse sind vorprogrammiert!

→ Das Empfangspult hat zwar die richtige Höhe, aber Chaos und Unordnung verstellen den Blick aufs Wesentliche: Unterlagen für den Chef, die gerade eingegangene Post, eine vom Vorbesucher ausgelesene Zeitung und diverse „Bewirtungsreste" müssen erst einmal auf die Seite geschoben werden, um einen Blickkontakt herzustellen.

→ Eine ungenügende Beleuchtung des Empfangsbereiches sorgt beim Besucher für „Dämmerstimmung": Bin ich zu spät dran? Machen die hier den Laden schon dicht und haben auf Nachtbeleuchtung geschalten?

→ Aber auch gleißend helles „Verhörlicht" lässt keine freundliche Stimmung zu: Hier wird jeder Besucher zunächst „durchleuchtet" und weckt die Erwartung, dass gleich noch ein Sicherheitsbeamter erscheint und auf versteckte Waffen hin überprüft!

Tipp

Für den Empfangsbereich gilt die gleiche Empfehlung wie für den Eingangsbereich: Betrachten Sie ihn immer wieder kritisch aus dem Blickwinkel des Besuchers! Was sieht er als Erstes, wenn er zu Ihnen kommt? Fällt sein Blick vielleicht gleich in den kleinen, meist unordentlichen Kopierraum? Oder lenkt ihn die Hektik im Großraumbüro dahinter ab? Erweckt vielleicht ein offener Aktenschrank mit gut leserlich beschrifteten Ordnern seine Neugier?

Oft ist es auch allzu große Hektik, die den Besucher abschreckt. So befindet sich zum Beispiel in Arztpraxen der Empfang meist mitten in der akuten Hektikzone. Die Unsicherheit des Patienten wird dadurch nur noch vergrößert. Während er sein Anliegen vorbringt, wird er dauernd durch das Telefon, ungeduldige Wartende oder gestresste Mitarbeiter unterbrochen. Die ersten „Fluchtsignale" sind bald deutlich erkennbar: Er zieht den Kopf ein, die Schultern hoch und tritt unruhig von einem Fuß auf den andern.

Erwartet ein Besucher – wie im Falle einer Arztpraxis oder eines Bankschalters – auch noch Vertraulichkeit, wirkt eine Nichtbeachtung dieses Bedürfnisses ebenfalls als Kommunikationsbarriere. Steht der nächste „Bittsteller" schon ungeduldig dahinter oder muss er seine Bitte laut und für alle im Raum hörbar vortragen – siehe das Beispiel mit der Glaswand –, ist von Vertraulichkeit keine Spur. Wer möchte schon der ganzen Welt mitteilen, dass er an einer bestimmten Hautkrankheit leidet oder den fälligen Kredit verlängert haben möchte?

Tipp

Beachten Sie die Bedürfnisse Ihrer Besucher – behandeln Sie sie wie einen Gast! Geben Sie ihnen das Gefühl, willkommen zu sein. Ein positiver erster Eindruck lässt Missverständnisse und Barrieren erst gar nicht aufkommen. Sie ersparen sich viele unnütze Anstrengungen und schaffen so ein positives Umfeld für eine erfolgreiche Beziehung!

3.3 Möbel als bewusste oder unbewusste Barriere

Möbel sind Ausdruck der Individualität. Wie wir unseren Lebens- und Arbeitsbereich gestalten, sagt viel über unsere Persönlichkeit aus. Das ist gut und richtig so. Was denken Sie über „durchgestylte" Büros, die zwar jeder Architekturzeitschrift alle Ehre machen würden, aber nichts über den eigentlichen Benützer aussagen, ja, in dem der Benützer fast wie ein Fremdkörper wirkt. Der Raum, in dem wir leben und arbeiten, sollte auch unsere persönliche Handschrift tragen. Viel wichtiger, als seine Besucher zu beeindrucken, ist es ja doch, sich in den eigenen vier Wänden wohlzufühlen. Die Wirkung, die ein Raum und seine Ausgestaltung auf unser Verhalten und unser Wohlbefinden haben, wird vielfach immer noch weit unterschätzt.

Tipp

Wer sich im eigenen Arbeitsumfeld wohlfühlt, strahlt dieses positive Gefühl auch aus. Er wird es auf den Besucher übertragen und so ganz automatisch für einen positiven Empfang sorgen!

Uns geht es in erster Linie darum, sich bewusster mit seiner Arbeitsumgebung auseinanderzusetzen und sie so zu gestalten, dass sie optimal zu uns passt, unsere Persönlichkeit widerspiegelt und in der wir uns wohlfühlen und unsere Energien frei entfalten können. Wir beschränken uns daher im Folgenden auf einige Tipps, wie Sie typische Barrieren im Raum, und da vor allem in Ihrem Arbeitsraum, abbauen können. Wir erheben somit keinerlei Anspruch auf eine umfassende Beratung zum Thema „Wohn- und Arbeitsplatzgestaltung".

Ihr Schreibtisch

Die wichtigsten Möbel in einem Büro sind der Schreibtisch und die Stühle. Der Schreibtisch ist das „Schlachtfeld" Ihrer täglichen Arbeit, er beeinflusst Ihre Arbeitsweise und Kreativität entscheidend.

Eine unharmonische Grundform mag zwar in ihrem Design extravagant wirken, ist aber eine mögliche Barriere für ungestörtes Arbeiten. Zu scharfe Kanten und Ecken, an denen wir täglich mehrmals vorbeigehen müssen, bremsen unsere Energie, spießen sie geradezu auf. Sollten solche Kanten auch noch schadhaft sein und ruinieren Sie sich auch noch ihre Kleidung, ist die Negativwirkung deutlich. Oft sind Kanten und Ecken in Büroräumen schuld daran, dass wir unbewusst Umwege gehen und damit ein Mehr an Energie aufwenden, um den Barrieren auszuweichen.

Tipp

Wir Menschen sind, mit klaren Grundformen vertrauter. Klare Formen fördern klares Denken, lassen uns geistige und körperliche Umwege vermeiden.

Unordnung am Schreibtisch ist ebenfalls eine Barriere, sowohl für den, der dort arbeitet – er wird ständig abgelenkt, da sein Blick auf Unerledigtes fällt – als auch für einen Besucher, den die Unordnung verwirrt und der zu Recht auf eine chaotische Arbeitsweise des anderen schließt.

Schreibtische oder Besprechungstische mit Glasplatten werden meist auch als störend empfunden. Der ungetrübte Blick auf unsere Füße macht uns unsicher. Wir wissen ja intuitiv, dass uns unsere Füße körpersprachlich „verraten", unsere Gefühle preisgeben. Wer schon einmal eine Besprechung an einem Glastisch erlebt hat, wird sich an das leichte Unbehagen erinnern. Irgendwie schwebt auch die Arbeit auf so einer Glasplatte „in der Luft", hat keine Bodenhaftung, keinen soliden Untergrund.

Die Anordnung der „Arbeitsgeräte" kann ebenfalls erfolgreiches Arbeiten behindern. Unsere Arbeitsweise ist grundsätzlich so angelegt, dass Rechtshänder von links nach rechts und Linkshänder von rechts nach links arbeiten. Müssen wir täglich viele Handgriffe in die entgegengesetzte Richtung machen, überwinden wir jedes Mal einen unmerklichen Widerstand, wir arbeiten gegen unsere Arbeitsrichtung.

Tipp

Analysieren Sie zu Ihrem persönlichen Vorteil Ihren Arbeitsplatz und Ihre Arbeitsabläufe nach diesen Gesichtspunkten. Ist alles für Sie flüssig angeordnet? Lässt sich noch mehr Ordnung und Klarheit am Schreibtisch schaffen?

„Nehmen Sie Platz!"

Unbequeme Sitzmöbel sind ein häufig anzutreffendes Übel in vielen Büros und öffentlichen Räumen. Egal ob die harten, viel zu kleinen Sessel beim Zahnarzt, die extrem niederen Besucherstühle beim Chef (vgl. auch Kap. 6.3) oder die knarrenden Stühle im eigenen Büro – sie alle lassen in uns das Bedürfnis nach baldiger Flucht entstehen. Wer so unbequem sitzt, wird sich schwertun, ein konstruktives Gespräch zu führen.

Achten Sie daher auf bequeme Stühle: Die Sitzfläche sollte ausreichend groß, nicht zu „kantig" bzw. nicht durchgesessen und die Sitzhöhe ausreichend sein. Zu niedrige Stühle vermitteln das Gefühl der Kleinheit, sie unterbrechen den Energiefluss, da die Beine zu stark abgewinkelt sind. Ist der Stuhl zu hoch, verlieren kleinere Personen leicht die „Bodenhaftung" – ebenfalls ein Hindernis fürs Wohlbefinden und für Ihre Entscheidungsfreudigkeit, die mit beiden Beinen fest am Boden und somit geerdet nachgewiesener Weise größer ist. Aber auch Sitzgelegenheiten, die es „zu gut meinen", sind ungeeignet: Wer im Stuhl versinkt, hat das Gefühl, nicht mehr so leicht aus dieser Position herauszukommen. Er fühlt sich festgenagelt. Besonders ältere Menschen schätzen dieses Gefühl nicht sehr. Man muss schon einigermaßen sportlich sein, um aus solchen „Liegestühlen" halbwegs elegant aufstehen zu können. Unbequeme Stühle können auch einen Konferenz- oder Seminarraum zur Folterkammer werden lassen und erfolgreiches Arbeiten behindern.

Vollgeräumte, unordentliche Räume wirken nicht einladend. Energie und Kreativität brauchen Platz, um sich entfalten zu können. Steht an jedem nur möglichen Platz ein Möbelstück, wird diese Energie gebremst. Lassen Sie sich, Ihren Mitarbeitern und Besuchern Luft zum Atmen – auch wenn Sie noch so stolzer Besitzer zahlreicher Antiquitäten oder Designerstücke sind.

Gänge sind ein häufiges Problem in Bürogebäuden. Sie sind meist zu eng, als dass zwei Personen nebeneinander gehen könnten, und so tänzelt die Assistentin vor dem Besucher her, sich immer wieder umwendend, um den Kontakt nicht abreißen zu lassen. Der Besucher soll ja nicht wie im Gefängnis abgeführt werden.

Tipp

Räumen Sie alle Hindernisse aus Ihren Gängen. Ein freier, offener und ungehinderter Zugang zu Ihrem Arbeitsplatz schafft – die Basis für gute Gespräche. Gestalten Sie Ihre Gänge möglichst freundlich und hell, mit positiven, angenehmen Bildern und eventuell mit Spiegeln, die den Raum optisch erweitern.

„Lichtschranken"

Die richtige Beleuchtung unterstützt die Wahrnehmung entscheidend. Falsches und vor allem auch ungenügendes Licht bildet hingegen Barrieren. Düstere Gänge und Raumecken nehmen uns die Sicherheit. Achten Sie daher in Ihrem Arbeitsumfeld auf Helligkeit, auf warmes Licht. Kaltes Neonlicht vermittelt die Wohnlichkeit einer Bahnhofshalle. Lichtquellen, die einen Besucher direkt anstrahlen, schaffen Polizeiverhör-Atmosphäre! Besser wirkt da indirektes Licht. Ideal wirkt auch die Schaffung von „Lichtinseln", so lässt sich beispielsweise ein sehr großer Raum optisch in überschaubarere Einheiten zerteilen. Besonders im Zutrittsbereich ist ausreichende Beleuchtung wichtig. Licht schafft Weite, Sicherheit. So haben wir erst kürzlich im Rahmen einer Kanzleibeobachtung empfohlen, einen relativ dunklen Empfangsraum durch Änderung der Zugangstür in eine Glastür optisch zu erhellen und zu vergrößern. Als Sicherheitsaspekt wurde das Logo der Anwaltskanzlei ins Glas geätzt, was im Sinne der Corporate Identity einen zusätzlichen positiven Marketingfaktor darstellte. Der Zugang wurde damit insgesamt freundlich, offen und einladend gestaltet.

Tipp

Im Arbeitsbereich ist der richtige Lichteinfall entscheidend. Arbeitsplätze mit frontaler Sonneneinstrahlung sind ungeeignet. Eine frontale Lichtquelle hinter dem Bildschirm stellt eine ungeheure Belastung für die Augen dar. Besser ist die Anordnung des Bildschirms parallel zur Lichtquelle. Bei seitlichem Lichteinfall ist darauf zu achten,

Kapitel 3: Signale und Barrieren im Raum

sich nicht selbst „im Licht zu stehen". Die Arbeitsfläche sollte optimal ausgeleuchtet sein, ohne störende Reflexionen und unruhige Schattenspiele.

● ●

Raumbarrieren für einen Redner

Jeder Redner, der vor mehreren Menschen spricht, kennt das Problem: Da ist zunächst eine unsichtbare Distanz zum Publikum, ein Abgrund, den es erst zu überwinden gilt. Die Zuhörer warten zu Beginn ab, es liegt am Redner, zu ihnen „rüberzukommen". Und das sollte möglichst rasch passieren, denn der erste Eindruck ist ja besonders wichtig.

Neben den rhetorischen und inhaltlichen Qualitäten des Vortrags sind in so einer Situation auch die äußeren Rahmenbedingungen mit entscheidend. Der Vortragsraum sollte weder zu groß noch zu klein sein. Lücken in den Stuhlreihen erwecken den Anschein von mangelndem Interesse. Sind die ersten Reihen leer und dahinter drängt sich das Publikum, wird der zu überwindende Abgrund noch größer. Wer sich in so einer Situation hinter einem Vortragstisch oder einem Rednerpult „verschanzt", wird die Distanz kaum überwinden. Gehen Sie daher in so einer ungünstigen Rednersituation bewusst auf Ihr Publikum zu.

Warum aber setzen sich die meisten Zuhörer so ungern in die erste Reihe? Hilft es da, wenn Sie Ihr Publikum auffordern, die vorderen Reihen aufzufüllen? Unserer Erfahrung nach ist so ein Vorgehen gefährlich: Habe ich mir einen Platz im Auditorium gewählt, möchte ich ungern „zwangsweise" versetzt werden. Das ruft Assoziationen mit der Schulzeit hervor. Außerdem wirkt ein Vortragender, der zu nahe an sein Publikum heranrückt, bedrohlich. Denken Sie an die im ersten Kapitel erwähnten Distanzzonen: Ein Vortragender gehört unserem Empfinden nach in die „öffentliche Distanz" von über zwei Metern von uns entfernt. Wird also ein Zuhörer zunächst zwangsversetzt und dann auch noch „bedrängt", empfindet er den Redner als schulmeisterlich, von oben herab. Der Redner muss schon ziemlich professionell und fachlich gut sein, um diesen ersten Negativeindruck wieder wettzumachen.

Besser ist es, sein Publikum schon beim Betreten des Saales aktiv zu begrüßen und gleich aufzufordern, auch in den vorderen Reihen Platz zu nehmen. Unser Standardsatz lautet immer: „Wir versichern ihnen, wir tun Ihnen nichts und rufen Sie nicht auf die Bühne. Schon in der Schule waren ja die vorderen Reihen die besten, weil der Blick des Lehrers immer nur zentral nach hinten gewandert ist." Das überzeugt fast jeden Teilnehmer und wir haben kaum vor leeren ersten Reihen vorgetragen.

Rednerpulte und Vortragstische bilden eine weitere Barriere: Der Zuhörer sieht nur einen Teil des Redners, wichtige Informationen, die seine Körpersprache liefert, werden ihm vorenthalten. Das schafft Unsicherheit und Misstrauen. Oft steht auch noch ein anderes „Hilfsmittel" im Weg, wie zum Beispiel ein Beamer. Als negativ empfindet der Betrachter auch Getränke oder gar Speisen, wie man es bei Vorträgen oder Pressekonferenzen oft sieht. Hat der Zuhörer vielleicht auch gerade selbst Hunger oder Durst, wird ihm nicht nur die Sicht auf den oder die Redner verstellt, er wird durch sein unbefriedigtes Grundbedürfnis auch noch zusätzlich abgelenkt. Ein Glas Wasser sei aber jedem Redner erlaubt.

Wie sieht die ideale Bestuhlung in einem Vortragsraum aus?

Der Erfolg oder Misserfolg einer Präsentation, eines Vortrags oder eines Seminars hängt entscheidend von der Anordnung der Sitze ab. Je nach Größe des zu erwartenden Publikums gilt es, nach Thema und Inhalt bewusst die geeignetste Form zu finden.

Kapitel 3: Signale und Barrieren im Raum

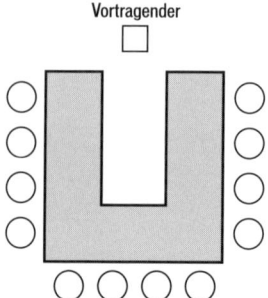

Vortragender

Die **offene U-Form** ist vor allem für solche Veranstaltungen günstig, bei denen Vortragender und Teilnehmer zueinander in eine Interaktion treten. Der Zuhörer wird mit einbezogen, er ist Teil der Veranstaltung, niemand wird ausgeschlossen, alle Teilnehmer sind gleichwertig.

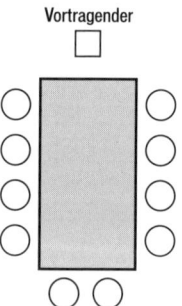

Vortragender

Die **geschlossene U-Form** oder Konferenzform ist für Präsentationen zu empfehlen, bei denen es auch um gemeinsame Beschlüsse geht, bei denen interne Diskussionen zu erwarten sind.

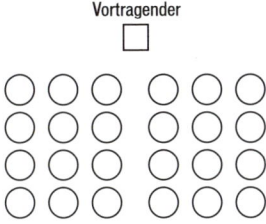

Die **Kino- oder Vortragsform** wird bei einer großen Anzahl von Teilnehmern gewählt, die passiv in ihrer Zuhörerrolle verharren. Es handelt sich hier um eine Form der Einweg-Kommunikation, Diskussionen sind nicht zu erwarten, höchstens ein Frage-Antwort-Teil am Schluss.

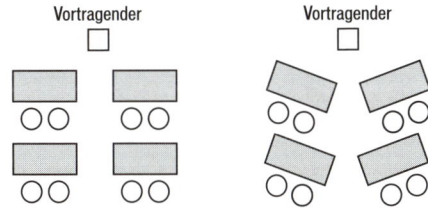

Die **Schulklassen-Form** mit gerader Tischstellung oder Fischgrät-Anordnung (schräge Tischstellung) unterbindet ebenfalls weitgehend die Interaktion, bietet jedoch Gelegenheit zur Mitschrift und gegebenenfalls zu einer Kleingruppenarbeit. Für darüber hinaus gehende Kommunikation zwischen den Teilnehmern ist diese Sitzordnung meist ungeeignet.

Tipp

Wählen Sie im Zweifel lieber die engere Sitzform als die zu ausladende. Kommunikation findet eher statt, wenn jeder das Gefühl hat, mit den anderen auf Tuchfühlung zu sein. Oder haben Sie schon einmal ein gelungenes Fest mit zehn Teilnehmern in einem riesigen Tanzsaal erlebt?

Überprüfen Sie auch die Größe der Leinwand für die PowerPoint-Präsentation. Eine zu kleine Schrift, Unschärfe, mangelnde Lichtstärke und verzerrte Perspektiven beeinträchtigen die Wahrnehmung und lenken den Betrachter vom Inhalt ab.

Tipp

Achten Sie als Präsentator bzw. Redner auf die Platzierung des PCs, auf dem Sie Ihre Präsentation bedienen. Er sollte möglichst nicht zu sehr im Zentrum stehen, da sonst die Gefahr groß ist, dass Ihre Zuhörer das Gefühl bekommen, Sie würden nur zu Ihrem PC reden. Ihr Publikum fühlt sich ausgeschlossen. Bedienen Sie die Präsentation lieber mit einer Fernbedienung und schalten Sie die Präsentation zwischendurch immer wieder ganz weg. Ein dunkler Schirm stellt Sie als Person in den Mittelpunkt und wirkt Ermüdungstendenzen bei Ihrem Publikum entgegen. Bei der 50. Folie nacheinander schläft jeder noch so interessierte Teilnehmer langsam ein.

Viele kleine Details in einem Raum können eine ungeahnt große Wirkung auf Ihre Kommunikation erzielen. Achten Sie auf diese Details und ihre Wirkung. Machen Sie sich mit offenen Augen auf die Suche, entdecken Sie Hindernisse im Raum und beseitigen Sie diese. So lässt sich oft mit einfachen Mitteln das berühmte „Brett vorm Kopf" entfernen.

3.4 Sitzordnung als Waffe

Viele Unternehmen tun sich mit Entscheidungen schwer. Je weniger entschieden wird, desto mehr Meetings werden abgehalten. Die Führung gibt sich teamorientiert, alles wird in Gremien diskutiert und beschlossen. Viele Menschen verbringen den Großteil ihrer Arbeitszeit in Sitzungszimmern. „Management by Meeting" ist ein weitverbreiteter Führungsstil, über dessen Sinnhaftigkeit wir hier nicht urteilen wollen. Es ist einfach eine Tatsache, dass wir immer öfter an Verhandlungstischen sitzen und unsere Kompetenz vielfach über unser Verhalten in Meetings definiert wird. Wer es versteht, sich in solchen Zusammenkünften ins rechte Licht zu rücken, dessen Ideen und Argumente ankommen, der hat beruflich die Nase vorne. Die tollste Arbeit im stillen Kämmerlein ist oft nicht genug, wir müssen sie auch „verkaufen". Das gelingt natürlich nur vor und mit anderen.

Neben guten inhaltlichen Argumenten und einer überzeugenden Rhetorik sind daher auch andere Hilfsmittel notwendig. Ein wesentliches Hilfsmittel ist die richtige Position am Verhandlungstisch. Denn *wie* zwei oder mehrere Personen zueinander sitzen, entscheidet mit über Erfolg oder Misserfolg des Gesprächs. An jedem Tisch gibt es Positionen der Stärke und eher ungünstige Positionen. Wie diese Positionen verteilt sind, hängt von verschiedenen Faktoren ab:

→ von der Form des Tisches: rund, eckig, langgezogen, geschwungen, …
→ von der Anordnung der Fenster und Türen
→ von der Anzahl der am Gespräch teilnehmenden Personen
→ von der Position des Chefs
→ vom sozialen Gefüge der Teilnehmer
→ von der „Aufteilung des Schlachtfeldes Tisch"

Meist herrscht in menschlichen Gemeinschaften das „Stammtisch-Prinzip". Es ist die Macht der Gewohnheit, die uns einen bestimmten Platz wählen lässt. An den Platz, an dem wir das letzte Mal saßen, tendieren wir beim nächsten Mal wieder hin. Wehe, wenn sich der neue Kollege ahnungslos auf den Platz des Chefs setzt! Was sagen diese oft nur intuitiv gewählten Positionen über uns aus? Welche Auswirkung hat unser Sitzplatz beispielsweise auf unseren Verhandlungserfolg?

Ein runder Tisch hat keine Ecken?

Viele Chefs folgen auch heute noch dem Vorbild des legendären König Artus: Sie wollen ihren Mitarbeitern deutlich machen, dass für sie jede Meinung gleich zählt, dass jeder in ihrem Umfeld gleich wertgeschätzt wird. Sie sind Verfechter des kooperativen Führungsstils, für sie gilt der Satz: „Im Team sind wir stark!"

Und deswegen wählen sie einen runden Besprechungstisch. An einem runden Tisch sind doch alle Positionen gleich – oder?

Ganz so ist es in der Realität jedoch nicht: Auch ein runder Tisch hat seine unsichtbaren Ecken! Es gibt auch an einem runden Tisch bessere und schlechtere Positionen, Plätze der Stärke und Plätze der Schwäche.

Kooperativer Führungsstil hin oder her, die stärkste Position hat doch meistens der Chef. Dort, wo er sitzt, ist das Machtzentrum, der „Kopf" des Tisches. Je weiter weg vom Chef, desto schwächer die Position. Doch auch der Platz gleich neben dem Chef hat seine Besonderheiten: Ausschlaggebend ist, ob er sich rechts oder links von ihm befindet. Betrachten Sie einmal Filmszenen oder Werbespots, die an einem Verhandlungstisch spielen: Wer liefert meist die besten Argumente? Wohin wendet sich der Chef hilfesuchend, wenn ihm selbst die Argumente ausgehen? Wem schüttelt am Ende der Chef persönlich die Hand, nachdem die Verhandlung positiv verlaufen ist? Es ist meist seine „rechte Hand", der Mitarbeiter zu seiner Rechten. Rechts vom Chef sitzt der wichtigste Berater, der engste Mitarbeiter und manchmal auch der „heimliche" Chef. Das muss nicht unbedingt der hierarchische Stellvertreter sein – Unternehmenspositionen sind oft nicht ident mit den wahren Machtpositionen!

Tipp

Lassen Sie bei einer Verhandlung nie die Person zur Rechten des Chefs oder des gegnerischen Verhandlungsführers aus den Augen. Beziehen Sie sie wenn möglich ins Gespräch mit ein. Bei ihr liegt sehr oft die Entscheidung über Erfolg oder Misserfolg eines Gesprächs!

Links vom Chef sitzt oft der tüchtige „Faktenlieferant". Er hat alle Unterlagen zur Hand, auf ihn kann in Situationen zurückgegriffen werden, wo es um Vorbereitetes, nicht ganz so Entscheidendes geht. Er liefert den Nachschub, das Material, die solide Basis. Für schnelle, wirkungsvolle Attacken und Überraschungsangriffe ist er nicht die geeignete Person. Er hat dafür aber mehr Zeit zum Zuhören und Beobachten, ist daher im Nachhinein oft die bestinformierte Person.

Platziert sich ein Mitarbeiter genau gegenüber dem Chef, bedeutet dies eindeutig Konfrontation. Werden Sie bei einer Verhandlung in die Position vis-à-vis platziert, wissen Sie schon vorweg, dass die Sache nicht leicht wird. Die Fronten sind klar abgesteckt, es wird durchaus auch scharf geschossen. Bringen Sie Ihre Geschütze rechtzeitig in Stellung und vernachlässigen Sie dabei die Deckung nicht.

Gesprächsteilnehmer, die sich zwischen den beiden „Fronten" befinden, sind die „Neutralen". Sie haben oft nur Beobachterstatus, von ihnen werden intuitiv keine allzu scharfen Argumente erwartet. Schießen jedoch auch diese „Späher" scharf, ist höchste Vorsicht geboten: Die Front ist ungewöhnlich breit, ein Rückzugsgefecht kündigt sich an.

Der eckige Tisch als „Schlachtfeld"

An einem rechteckigen Tisch scheinen die Dinge einfacher zu liegen: An der Kopfseite sitzt der Chef, rechts ums Eck seine rechte Hand, links der „zweite" Mitarbeiter, an der Längsseite die „Beobachter" und „Neutralen" und am anderen Kopfende der Gegner, eventuell mit seinem „rechten" und „linken" Mitarbeiter.

Aber nicht immer ist so ein Tisch auch vollbesetzt und somit alle Rollen eindeutig verteilt. Was passiert, wenn zwei Menschen an einem leeren Tisch treten und sich zu einer Besprechung niederlassen wollen? Welche Faktoren bestimmen ihre Platzwahl? Im Folgenden einige Hintergründe zur jeweiligen Platzwahl:

1) Die Distanz-Sitzordnung

Setzen sich die beiden Gesprächspartner demonstrativ jeder an eine Kopfseite, stehen die Zeichen auf Sturm. An einem konstruktiven Gespräch sind wohl beide nicht interessiert. Es geht um einen reinen Machtkampf, jeder möchte den Gegner möglichst weit von sich wegschieben und sich dabei selbst nicht in die Karten blicken lassen. Die größtmögliche Entfernung bedeutet auch eine größtmögliche Barriere für ein erfolgreiches Gespräch. Wahrscheinlich sind die Fronten derart verhärtet, dass kein Ergebnis zu erwarten ist.

Tipp

Es geht hier nicht mehr um Sieg und Niederlage, vielmehr um die Verteidigung der eigenen Position. Stecken Sie daher Ihre Ziele bei dieser Verhandlung nicht zu hoch, erwarten Sie nicht zu viel an Bewegung, wahren Sie lieber Ihr vorher abgestecktes Minimalziel (z. B. Ausloten der gegenseitigen Ansichten, Deponieren des eigenen Standpunkts).

2) Die Konfrontations-Sitzordnung

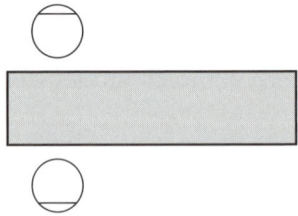

Setzen sich beide an dasselbe Tischende vis-à-vis, geht es auch um Konfrontation, allerdings um eine Auseinandersetzung in der Sache, um einen Machtkampf, bei dem die Nähe nicht gescheut wird. Jeder möchte den Tisch als Sieger verlassen. Mehr oder weniger subtil wird dieser Machtkampf betrieben werden: Eine wichtige Waffe ist dabei die Körpersprache. Wer sich vorbeugt, greift an. Wer sich dagegen zurücklehnt, zieht sich zumindest vorübergehend von der Front zurück. Er verschränkt die Arme, nickt vielleicht mit dem schief gelegten Kopf und signalisiert damit: „Ich denke über Deinen Vorschlag nach, also los, liefere mir Argumente und verschieße dabei ruhig dein Pulver!" Heimlich sammelt er da schon wieder neue Kräfte, überlegt, wo er seinen nächsten Angriff platzieren könnte. Seine „Kompromissbereitschaft"

Die Macht der versteckten Signale

trügt. Nach dem letzten Argument des Gegners folgt eine kurze, unheilschwangere Pause. Dann lehnt er sich vor und startet mit dem trügerischen Anflug eines Lächelns seinerseits den nächsten Angriff. So wogt das „Kampfgeschehen" hin und her, bis einer von beiden zu weiteren Waffen greift. (Die dem Gegner zugesteckte Fußspitze, die wie ein drohender Dolch auf und ab wippt, ist zwar durch die Tischplatte nicht sichtbar, der andere spürt jedoch unbewusst diese Drohung.)

Eine weitere „Angriffsstrategie" stellt das Ausbreiten von Unterlagen auf der Tischplatte dar. Je weiter der eine mit seinen Papieren, seinem Laptop, Schreibgeräten und sonstigen Utensilien in das Terrain des anderen vordringt, desto mehr fühlt sich dieser bedroht. Er wird seinerseits versuchen, dem anderen den Einblick in seine Unterlagen zu verwehren. So wogt auf der Tischfläche der Kampf hin und her. Ein konstruktives Miteinander ist in dieser Position schwer möglich, ohne Verrenkungen ist das gemeinsame Betrachten einer Unterlage schwierig. Rückt einer geräuschvoll mit dem Stuhl nach vor, knallt vielleicht auch noch eine neue Unterlage auf den Tisch, ist es meist auch mit den freundlichen Worten vorbei. Jetzt geht es bis ans bittere Ende.

3) Die konstruktive Sitzordnung

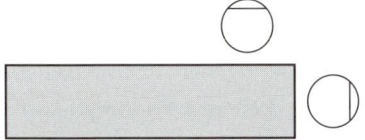

Sitzen beide Gesprächspartner so um die Ecke, ist die Situation wesentlich entspannter. Beide meiden die direkte „Aug-in-Aug-Konfrontation". Keiner fühlt sich vom anderen bedrängt, in die Enge getrieben. Jeder hat während des Gesprächs auch die Möglichkeit, den Blick abschweifen zu lassen, beide starren sich nicht unentwegt an. Die Sache rückt so eher in den Mittelpunkt als die gegenseitige Konfrontation. Jeder kann sich dem anderen bewusst und öffnend zuwenden, die zum Wohlfühlen nötige Distanz bleibt trotzdem gewahrt. Das gemeinsame Betrachten von Unterlagen ist möglich, beide suchen einen Kompromiss in der Sache. Beginnt jedoch einer der beiden das Macht-

69

spiel mit den Unterlagen am Tisch, wird die Gesprächssituation wieder „härter".
Und damit sind wir wieder bei versteckten Signalen, die es zu erkennen gilt.

4) Die Schulter an Schulter-Sitzordnung

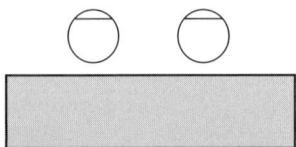

Setzt sich ein Gesprächspartner in die Mitte der Längsseite, hat der andere
nicht viele Wahlmöglichkeiten, wenn er keine offene Konfrontation sucht.
(Der Platz gegenüber wäre somit ungünstig). Um die Ecke kann er sich hier
auch kaum setzen, der allzu große Abstand würde eine eindeutige Barriere
darstellen. Also bleibt ihm fast nichts anderes übrig, als sich auf dieselbe Seite
neben den Gesprächspartner zu setzen. Sollten sich beide grundsätzlich einig
sein und nur mehr einzelne Details abklären, ist diese Position auch kein Problem, beide können gut gemeinsam in Unterlagen schauen, gewissermaßen
gemeinsam in eine Richtung blicken. Sind aber noch Unklarheiten vorhanden
oder ist der Gesprächspartner noch nicht so genau einzuschätzen, fühlen wir
uns in dieser Position nicht so wohl. Nur wenn ich mich vom Tisch wegdrehe,
kann ich dem anderen ins Gesicht schauen. Ich muss mich dabei von meinen
Unterlagen, die mir Vertrautheit geben, abwenden. Außerdem ist mein Körper „ungeschützt", die Sicherheit der Tischplatte fehlt. Die zu große Nähe
wirkt hier als Barriere.

5) Die Desinteresse-Sitzordnung

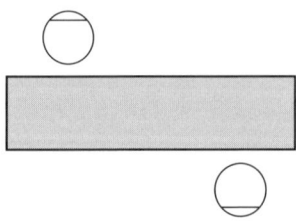

Sitzen sich zwei Gesprächspartner schräg gegenüber, ist es fast unmöglich, ein gutes Gespräch zu beginnen. Das mangelnde Interesse aneinander ist augenfällig. Sind die beiden zufällig die ersten Teilnehmer an einer Besprechung, bei der noch mehrere andere erwartet werden, haben sie entweder überhaupt kein Interesse an einem Gespräch oder sie sind so unsicher, dass sie sich aus mangelndem Selbstvertrauen nicht näher aneinander herantrauen. Diese Position kann noch verstärkt werden, indem beide demonstrativ in ihren Unterlagen blättern, ihre E-Mails checken oder sich seitlich leicht wegdrehen. Die Barriere ist damit unüberwindlich, die beiden werden sich auch im folgenden Meeting wenig verstehen.

5a) Die Frontenbrecher-Sitzordnung

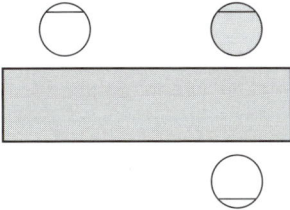

Die Situation im Zweiergespräch kann sich plötzlich ändern, wenn eine dritte Person dazu stößt. Setzt sich ein Dritter im obigen Beispiel gegenüber von einem der beiden, durchbricht er damit die Front des Desinteresses. Mit wem er auch ein Gespräch beginnt, der andere wird ebenfalls Interesse bekunden und an dem Gespräch teilnehmen.

6) Die Beobachter-Sitzordnung

Setzt sich zu einem „offenen Gespräch ums Eck" ein Dritter an die gegenüberliegende Stirnseite des Tisches, signalisiert er, dass er nicht direkt am Gespräch teilnehmen will. Er begibt sich in die Rolle des Beobachters. Trotzdem kann er durch diese Distanz, die bei den beiden anderen Unsicherheit erzeugt, die Harmonie stören.

7) Die „Gemeinsame Feind"-Sitzordnung

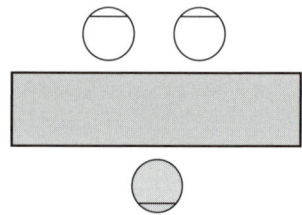

Setzt sich ein Dritter in dieser Situation gegenüber, kann sich die Unsicherheit der beiden andern schlagartig ändern: die Person vis-à-vis ist der „ideale neue Feind", der sich einer Front der Einheit gegenüber sieht. Aber wo hätte sich der Arme hinsetzen sollen? Die Position rechts oder links an der Kopfseite hätte Distanz bedeutet, ein Gespräch wäre so auch nicht einfach verlaufen.

Wie schon erwähnt, setzen sich viele Menschen, wenn sie öfter an ein und demselben Tisch tagen, immer wieder auf denselben Stuhl. Wir sind eben „Gewohnheitstiere". Auf einem einmal erprobten Platz fühlen wir uns sicher, wir wissen, was uns erwartet. Ebenso wissen wir schon, wer wo von uns aus gesehen sitzt – auch das schafft Sicherheit. Die Rollen sind verteilt, jeder kennt seinen Part.

Kommt nun ein neuer Teilnehmer dazu, setzt er sich wahrscheinlich unabsichtlich auf einen Stuhl, der eigentlich „vergeben" ist. Das eingespielte soziale Gefüge ist gestört. Der Neue wird als Eindringling empfunden, obwohl alle sonst recht gut mit ihm auskommen. Und er versteht nicht, warum seit dem letzten Meeting die Kommunikation gestört ist.

Tipp

Wie lässt sich mit dem „Stammtisch-Prinzip" umgehen? Am besten, Sie sprechen bei der ersten Meeting-Teilnahme das Problem direkt an. Durch das Bewusstmachen der Situation werden die unsichtbaren, unausgesprochenen Regeln aufgehoben, das soziale Gefüge bildet sich ohne größere Störungen neu.

●●

Fenster und Türen als Einflussfaktoren

Schon unsere Steinzeitvorfahren haben es erkannt: Wir Menschen fühlen uns mit einer schützenden Wand im Rücken wohler. Früher haben sich die Menschen in Höhlen zurückgezogen und die Frage des richtigen Sitzplatzes war rasch gelöst. Möglichst nahe am wärmenden Feuer und mit Blick zum Eingang, damit etwaige Gefahren von draußen rechtzeitig erkannt werden konnten.

Dieses Grundbedürfnis gilt auch heute noch. Auch wir fühlen uns instinktiv wohler, wenn wir die Tür in unserem Blickfeld haben. Wer nicht sofort sieht, wie die Tür aufgeht und wer da hereinkommt, fühlt sich intuitiv unsicher. Der Platz mit dem Rücken zur Tür ist daher der ungünstigste. Sehr häufig werden aber gerade die Besucher auf diesen Platz gesetzt, egal, ob beim eigenen Schreibtisch oder am Verhandlungstisch. Wen wundert es dann, wenn ein potenzieller Kunde zögert, den Millionenauftrag gleich zu unterschreiben.

●●●●●●●●●●●●●●●●●●●●●●●●●●●●●●●●●●●

Wollen Sie, dass sich jemand bei Ihnen wohlfühlt, bieten Sie ihm nie den Platz mit dem Rücken zur Tür an!

●●

Leider sind unsere Besprechungszimmer nicht mehr ganz so einfach konstruiert wie die Höhlen unserer Vorfahren. Denn im Unterschied zu diesen haben viele moderne Räume mehr als eine Tür. Je mehr Türen, desto mehr „ungünstige" Plätze gibt es! Wer zum Beispiel genau zwischen zwei Türen sitzt, ohne eine der beiden im Blickfeld zu haben, fühlt sich wie im Durchhaus, und das mit verbundenen Augen.

Kapitel 3: Signale und Barrieren im Raum

Auch die Fenster haben einen Einfluss auf die „Qualität" eines Platzes. Sitzt jemand genau gegenüber von einem Fenster, kann er zwar die schöne Aussicht genießen, doch das lenkt möglicherweise vom Thema ab und andererseits strengt es das Auge sehr an, will er sich auf sein (menschliches) Vis-à-vis konzentrieren. Denn sitzt der andere genau im Gegenlicht, können wir zwar seine Umrisse deutlich erkennen, aber die Feinheiten seiner Gesichtszüge, die uns viel verraten, bleiben im Dunklen. Das schafft Unsicherheit und lenkt uns zusätzlich ab.

Sollten Sie jetzt gerade festgestellt haben, dass sämtliche Besprechungszimmer in Ihrem Unternehmen völlig ungeeignet sind, weil kein einziger Platz wirklich „günstig" ist, haben Sie die Wahl: Entweder Sie halten in Zukunft alle Besprechungen in Ihrem Lieblingsrestaurant ab oder Sie ändern mit einigen wenigen Mitteln die Situation: Vorhänge oder Jalousien an den Fenstern entschärfen das „Gegenlicht", ein Umstellen des Tisches schafft oft ebenfalls günstigere Sitzplätze. Sind wirklich alle „fünf" Türen notwendig? Oder lässt sich die ein oder andere „stilllegen"? Versuchen Sie es, wir haben schon so manche Besprechungsräume verändert, und das meist mit sehr einfachen Mitteln!

Es ist nicht belanglos, wo wir uns bei einer Besprechung hinsetzen. Die Positionen werden meist unbewusst bezogen. Und oft haben wir auch gar keine Wahl. Manche „Profiverhandler" nützen diese Positionskämpfe sehr bewusst zu ihrem Vorteil aus.

Tipp

Versuchen Sie, solche Machtspiele rechtzeitig zu durchschauen und zu durchbrechen. Wählen Sie Ihren Sitzplatz in einer Verhandlung nach Möglichkeit bewusst aus. Bleibt Ihnen nur mehr der „Arme-Sünder-Stuhl", dann nehmen Sie diesen Nachteil bewusst wahr. So fällt es leichter, negative Reize wegzustecken und zu einer „Jetzt-erst-recht-Mentalität" zu finden.

Wer jedoch die „Sitzordnungstaktik" zu sehr auf die Spitze treibt, läuft Gefahr, vom Wesentlichen abgelenkt zu werden. In Meetings sollte es um Verständigung, um das Erzielen eines gemeinsamen Ergebnisses gehen und nicht um Sieg oder Niederlage. Die taktisch bestgewählte Sitzordnung ist noch lange kein Rezept für erfolgreiche Besprechungen, sondern eben nur ein „Hilfsmittel"!

3.5 Die „Dekorations-Barrieren"

Barrieren entstehen oft auch fast zufällig und wider besseren Willen: Eine Dekoration oder ein edles Designerstück sollen den Büroraum schmücken und ein wenig von seiner Sachlichkeit nehmen. Das ist ein schöner Vorsatz, nur oft wird genau das zum Hindernis für den Besucher: Kann er über das wunderschöne Blumengesteck am Empfangspult hinweg die Empfangsdame nicht mehr sehen, ist das schöne Stück zur Kommunikationsbarriere geworden.

Hinter solchen Blumenbarrieren auf Empfangstischen steckt jedoch nicht immer nur gute Absicht: Ein Beispiel aus einer Arztpraxis sei die Antwort auf unsere Frage, ob der riesige Blumentopf am Empfangspult nicht störend sei: „Seit wir diese Pflanze da stehen haben, rücken mir die Patienten viel weniger auf die Pelle. Wenn sie trotzdem lästig werden, schiebe ich einfach den Topf noch weiter in die Mitte – das wirkt immer!" Sie können sich unsere Antwort darauf sicher vorstellen …

Ziergegenstände haben auch noch die zusätzliche Tücke, dass sie nicht selten als Staubfänger dienen. Man geht täglich hunderte Male daran vorbei und nimmt sie nicht mehr bewusst wahr. Weder die Staubschicht auf der Wachsobst-Schüssel noch die verdorrten Blätter der Pflanze werden registriert. Nur der Besucher, der auf seinen Termin bei Ihnen wartet, der hat Zeit und ist wachsam genug, all diese Details genau zu studieren. Auch wenn er sie nicht bewusst wahrnimmt, so können sie doch sein Bild von Ihrem Unternehmen mitbeeinflussen.

Bilder

Nach unserer Erfahrung geben sich manche Unternehmer und Manager gerne kunstsinnig – es ist „in", seine Vielseitigkeit und Beschlagenheit in der Kunstwelt unter Beweis zu stellen, und vermeintliche Beweise guten Geschmacks dienen mancherorts als Statussymbol. Bilder haben aber eine starke Wirkung: Sie ziehen magisch die Blicke auf sich, können einem Raum eine ganz spezielle Wirkung verleihen.

Oft wird dabei jedoch vergessen, wie ein Bild auf den Betrachter wirkt. Es erzeugt immer auch eine Stimmung. Dies konnten wir vor kurzem im Wartezimmer eines plastischen Chirurgen beobachten. Das Ölgemälde stellte ein völlig verzerrtes Gesicht dar, mit roten Striemen auf der Wange, „schief hängenden" Augen und einer mehr als krummen Nase. Die Aussage des Künstlers mag durchaus wichtig sein, aber die Wirkung auf die vorwiegend weiblichen Patienten war offensichtliche Verunsicherung.

Tipp

Hinterfragen Sie kritisch, welche Stimmung die Bilder in Ihrem Büro erzeugen. Holen Sie dazu die Meinung anderer ein. Hängen Sie ein „verdächtiges" Bild auch einmal ab und spüren Sie den Unterschied. Ist es mit oder ohne Bild besser? Sollte das Bild vielleicht auch nur umgehängt werden, um eine andere Wirkung zu erzielen?

Bilder mit negativen, deprimierenden Inhalten sind im Arbeitsumfeld nicht optimal. Geht man in eine Galerie, stellt man sich bewusst auf die Bilder ein, ist bereit, sich auch mit schwierigeren Inhalten auseinanderzusetzen. Geht es jedoch um einen geschäftlichen Anlass, sollten Bildinhalte nicht zusätzlich belasten. Oder haben Sie gerne einen Kunden vor sich sitzen, der gerade durch ein tristes Bild an seine unglückliche Kindheit erinnert wurde?

Bedenken Sie, dass Sie mit den Bildern, die hinter Ihrem Schreibtisch an der Wand hängen, identifiziert werden, diese bilden den Rahmen zu Ihrer Person. Legen Sie besonderes Augenmerk auf die Bilder im Blickfeld Ihrer Besucher. Meist sind es genau diese Bilder, die Sie selbst gar nicht wahrnehmen. Umso mehr aber Ihre Gesprächspartner. Bilder mit sehr starkem Aussagewert können einen Gesprächspartner ablenken und eine Barriere bilden.

Ein weiterer Störfaktor im Zusammenhang mit Bildern an der Wand ist die häufige Tatsache, dass ein Bild schief hängt. Die meisten Menschen haben das Bedürfnis nach Ordnung und Kontrolle. Diesem Bedürfnis widerspricht ein schiefhängendes Bild und wir entwickeln den unbedingten Drang, es wieder gerade zu hängen. Solche Kleinigkeiten können ganz ordentlich von einem Gespräch ablenken.

Pflanzen

Grünpflanzen haben erwiesenermaßen eine positive Wirkung auf den Menschen. Sie symbolisieren Leben, Wachstum und Entwicklung. Die grüne Farbe verstärkt diese optimistische, beruhigende Wirkung. Und die Luftverbesserung ist ebenfalls nachgewiesen. Sie sind somit ein ideales Mittel, um Büroräume wohnlich und positiv zu gestalten. Dies gilt allerdings nur für gesunde Pflanzen. Eine verdorrte, kurz vor dem endgültigen Absterben stehende Pflanze hat die gegenteilige Wirkung. Befinden sich rund um den großen Zimmerbaum nur mehr gelbe Blätter am Boden, liegt Herbst, Krankheit und Unangenehmes in der Luft. Schaffen Sie daher nur so viele Pflanzen ins Büro, wie Sie auch versorgen können – pflegeleichtere Gewächse sind zu bevorzugen. Ihr Chef ist sicher auch nicht glücklich, wenn er plötzlich einen Gärtner für sein Büro benötigt.

Pflanzen mit spitzen Blättern bilden nach fernöstlichem Wohngefühl negative Energie und stören somit die Kommunikation. Wer einen Kaktus auf den Besprechungstisch stellt, kann diesen Effekt auch in westlichen Konferenzzimmern nachvollziehen.

Kapitel 3: Signale und Barrieren im Raum

3.6 Barriere durch Farbe

Farbe ist ein wesentlicher Bestandteil unserer Welt. Farbe umgibt uns in den meisten Bereichen unseres Lebens, wir werden gewollt und ungewollt täglich mit einer Vielzahl von Farben konfrontiert. Farbe übermittelt auch Botschaften und ist damit ein wichtiger Teil unserer Kommunikation. Mit Farbe wird etwas bewirkt, signalisiert, Stimmung erzeugt, gewarnt und getarnt.

Die Möglichkeiten sind alltäglich und vielfältig: So vermittelt beispielsweise das türkise Duschgel morgens schon Ozeanfrische, das rote Handtuch machte erst richtig wach.

Farbe ist eine emotionale Sprache – Farbe ist nonverbale Kommunikation. Sind die grünen Schuhe zu grell für den Kundentermin? Welche Krawatte wird bei der heutigen, so wichtigen Besprechung die Sache auf den Punkt bringen?

Der Mensch braucht ausgewogene „bunte Nahrung" für den Körper, den Geist und die Seele. Die neutralen Farben, wie beispielsweise Beige und Grau, werden benötigt, um nicht aufzufallen und Ruhe zu erzeugen. Powerfarben bieten die Chance, so richtig „dick auftragen zu können". Das zarte Gefühl sehnt sich nach sanften Farben wie Pastellrosa oder Himmelblau. Die Fahrt ins Grüne bringt Erholung. Auch im Sprachgebrauch haben sich viele dieser symbolträchtigen Farbencodes eingebürgert: Der blaue Montag, die rosarote Brille, der rote Faden usw.

Mit ganz und gar schwarzer Kleidung hat der Mensch weniger Möglichkeit, sich körperlich zu beleben und für seine Umwelt Signale zu setzen. Man trägt die Farbe Schwarz aber auch als Ausgleich für die schrill bunte Umwelt oder schlicht um Form zu zeigen. Wer auf Farbe verzichtet, macht die Form deutlicher.

Im Gegensatz zur Farbenvielfalt steht die Farbenmonotonie. Auch diese hat bei zweckmäßigem Einsatz Vorteile. Ein Beispiel: Je verschiedenfarbiger ein Text unterlegt ist, desto schwieriger ist er zu lesen, desto unwichtiger erscheint die Information. Probieren Sie es einfach aus!

Überwindung von störenden Barrieren am Arbeitsplatz mittels Farbe

Wird schon der Weg zum Arbeitsplatz bewusst wahrgenommen, wird er eine Reise durch das Farbenmeer. Grün beflügelt unseren Schritt über die Kreuzung zur roten U-Bahnlinie, ein Display informiert uns durch bunte Wertungsskalen schnell noch über die Temperatur (blau), den Ozonwert (rot) und die Menge des Stickstoffs (gelb) in der Luft. So geleitet, finden wir zu unserem Arbeitsplatz – Geruch, Licht, Farbe und damit Stimmung empfängt uns auch hier.

Machen wir einmal „Licht". Im Licht werden viele Hindernisse überhaupt erst sichtbar. Im Licht können wir Farben sehen. Der Farbton des künstlichen Lichtes ist wichtig, denn er ist Einflussfaktor auf die Farbe. Die unterschiedliche Wirkung von Farbe sollte gezielt eingesetzt werden.

Fragen wir uns dabei: Kann Farbe bei einem Arbeitsvorgang helfen, hemmt sie, leitet sie, regt sie an oder lenkt sie ab?

Zwei Beispiele: Der wichtige Klientenakt, dummerweise versteckt unter vielen anderen, ist schneller „ausgegraben", wenn er rot hervorleuchtet. Die durch verschiedenfarbige Marker gekennzeichneten Stellen eines Vortrags helfen dem Vortragenden, Wesentliches nicht ungesagt zu lassen.

Eine sonnengelbe Arbeitsunterlage fördert Konzentration am Arbeitsplatz. So wie das richtige Licht einen „wach" halten kann, schafft das richtige Gelb im Raum eine positive, anregende Arbeitsstimmung.

In einem ausschließlich in Blau gehaltenen Büroraum wird jedem Menschen auf Dauer zu kühl. Eine Kombination mit einer auch anregend warmen Farbe, z. B. Orange, bringt das „Klima" in einen wohltuenden Ausgleich.

● ●

Tipp

Farbe schafft ein dauerhaft angenehmes Klima, statt nur kurz Leistung zu steigern.

● ●

Kapitel 3: Signale und Barrieren im Raum

Warum machen Blumen Freude? Das Rosa der Rose, das Gelb der Sonnenblume ist nicht nur in Besprechungen ein beliebter Blickfang. Das bisschen Farbe schafft „viel Ärger vom Tisch", denn mit den Farben einer blühenden Pflanze wird jedes Herz erfreut, und jeder Besucher fühlt sich willkommen – vorausgesetzt, die Vase mit den Blumen bildet an sich keine Barriere, siehe oben.

Bei einer wichtigen Mitteilung, die rasch erfasst und verarbeitet werden soll, ist die verwendete Farbenkombination besonders wichtig. Sie beeinflusst Lesbarkeit und Wahrnehmung. Dabei ist die Entfernung des Betrachters von Text und Bild auch noch mitentscheidend. Ein farbiges Symbol kann zusätzlich verdeutlichen und ist als Bild auch erwiesenermaßen eine Gedächtnisstütze, denken wir an ein Firmenlogo.

Tipp

Farbe soll Informationen verdeutlichen, statt diese zu verstecken. Ein Text wird in der Ferne am besten Schwarz auf Gelb erkannt, Schwarz auf weißem Grund hat die beste Nahwirkung.

Ein gutes Leitsystem in einem Unternehmen ist bunt. Die einheitliche Farbgebung der unterschiedlichen Bereiche ist ebenso wichtig und notwendig, wie deren logische räumliche Anordnung. Damit ist eine rasche Orientierung der Kunden und der Mitarbeiter gewährleistet. Das elegante Weinrot auf der Etage der Geschäftsleitung prägt sich zum Beispiel nachhaltig ein.

Beruhigende Farben wie z. B. Grün oder Blau helfen, „kühlen" Kopf zu bewahren. Den brauchen wir täglich, öfter als uns lieb ist. Gerade in Konfliktsituationen kann die richtig gewählte Farbe der Kleidung für einen positiven Ausgang des Gesprächs mitverantwortlich sein. Das „Rote Tuch" von vis-à-vis im sympathischen Blau wird plötzlich zum Gesprächspartner. Auch ein wichtiger Gerichtstermin verlangt eine passende Anzugfarbe. Das Gespräch um Gehaltserhöhung wird im tomatenroten Kostüm aufgeregter, aggressiver und vielleicht auch weniger erfolgreich verlaufen.

Bei unerwünschten räumlichen Barrieren wirkt Farbe wahre Wunder. Die Aufzählung der folgenden Beispiele zeigt dies sehr deutlich:

→ Ein Empfangspult in Gelb und Schwarz gestaltet, wirkt wie ein Signal für „Achtung wildes Tier"! Dasselbe Pult in einem mittleren Naturholz-Ton wird jedoch einladend wirken. Mit einem türkisfarbenen Anstrich wird es sich im Raum geradezu auflösen.

→ Ein Schranken kann durch eine orange Beleuchtung gut sichtbar, aber nicht erschreckend wirken.

→ Eine notwendigerweise geschlossene Türe wird durch hellblaue Farbgebung freundlich erscheinen.

→ Ein niedriger Raum wirkt durch eine dunkelbraun gestrichene Decke noch bedrückender. Durch Aufhellen der Deckenfarbe in ein getöntes Weiß wird die Höhle zum hellen, freien Raum.

→ Das enge Vorzimmer wird durch eine weitende Farbe wie Lichtblau größer wirken. Ein langer schmaler Gang durch eine bunte Stirnfläche breiter, ein zu hoher ungemütlicher Raum kann durch eine intensive dunklere Deckenfarbe optisch proportionierter anmuten.

→ Ein nordseitig gelegener Raum wird durch warme Farben richtiggehend „beheizt".

→ Wo zu viel Sonne, zu große Glaswände, geballte EDV, drei rote Telefone etc. unangenehme Hitze erzeugen, kann mit Farbe Beruhigung erreicht werden.

→ Sogar zu viel Lärm kann mit Farbe „gedämmt" werden, erträglicher werden.

Jeder Mensch hat ein „Naturgedächtnis": Das helle Licht und die Weite des Himmels sind über uns. Die dunklen Farben der Erde, Steine, Felsen, Sand und das Grün der Wiesen sind unter unseren Füßen. Übertragen wir diese Raumbegrifflichkeit des Naturgedächtnisses auf das Wohnen, wird die dunklere Fläche unter den Füßen und die hellere um uns oder über uns Identität und Wohlfühlen im Unterbewusstsein schaffen. Räume, deren Decken in dunklen Farben gestrichen sind, empfinden wir als bedrückend. Helle, sich öffnende Farben für Decken sind uns angenehm. Wie die Böden der Natur sind uns auch Fußböden mit leicht rauen und weichen Oberflächenstrukturen nicht naturfremd. Auf sehr hellen, hochglänzenden Bodenflächen hingegen bewegen wir uns vorsichtig, denn auch in der Natur gibt es keine glatten, hochpolierten Flächen. Die menschlichen Füße habe ja auch keine Saugnäpfe …

Davon abgeleitet ist die richtige Farbwahl für den Boden, auf dem wir uns bewegen, äußerst wichtig. Durch die Farbgebung des Bodens kann ein Raum erhaben, elegant, größer, kleiner, trittsicher, tief etc. wirken. Schon bei der Wahl eines gelben Teppichbodens steht fest, dass Menschen sich in diesem Raum unsicher bewegen werden. Ein Wüstenbewohner hätte mit einem gelblichen Boden wiederum weniger Probleme.

Abgrenzung mittels Farbe

Farbe als Stopp-Signal

Denken wir nur an die vielen Zeichen zur Regelung des Straßenverkehrs: das Rot der Ampel, der Zebrastreifen, die Markierung auf der Fahrbahn, die farbigen Symbole der Verkehrsschilder (nicht umsonst ist auch die Stopptafel rot). Farbe kann eine bewusst eingesetzte Schranke darstellen.

Farbe als Mittel für Ordnung statt Chaos

Ein bekanntes Beispiel für Farbanwendung als Mittel für Ordnung ist die Bodenmarkierung bei Schaltern in Banken oder Ämtern. Hier wird versucht, den unangenehmen Effekt des „Über-die-Schulter-Schauens" bei Erledigung eines Bankgeschäftes durch gelbe Fußabdrücke, weiße Streifen oder grüne

Punkte am dunklen Boden zu verhindern. Statt durch körperlich störende Barrieren, wie platzraubende und beengende Pulte, Zäune und „Hecken" in großen rechteckigen Töpfen, wird das Warten durch Farbflächen am Boden „sanft aber eindeutig" geordnet.

Farbe als Mittel für Orientierung – der „rote Faden"

Auf einem Bahnhof gibt es für blinde Menschen haptische Hilfsmittel zur Orientierung. Der Belag eines Bahnsteiges wird durch einen aufgerauten Teil oder erhabenen streifen im Bodenbelag erkenntlich gemacht. Diese Streifen sind auch für alle Sehtüchtigen als veränderte farbige Fläche durch veränderten Lichteinfall sichtbar. Zusätzlich helfen farbige Linien auch an der Wand.

Ein Teppich (Läufer), ein bestimmter Bodenbelag oder ein verändertes Muster, farbige Symbole wie Pfeile oder Bodenbeschriftung können die Orientierung erleichtern, den Weg steuern oder die Fahrt stoppen. Die Farbe des Bodens kann auch bewusst dazu eingesetzt werden, den Schritt zu beschleunigen oder zu verlangsamen. So liegt etwa der rote Teppich in der Oper nicht im Pausenraum, sondern im Entrée und in den Gängen.

Farbe, bewusst eingesetzt, kann räumliche Barrieren überwinden und die Kommunikation bewusst fordern. Nutzen Sie die Kraft der Farbe und überlassen Sie die Farbwirkung Ihrer Umgebung nicht einfach dem Zufall!

Unsichtbare Barrieren

4.1 Die „Raumschwingungen"

Das Raumklima wird nicht nur von Luftqualität, Einrichtung, Licht und Pflanzen bestimmt. Es gibt noch ein anderes Klima: Eines, das wir nicht riechen, sehen oder schmecken können. Doch es beeinflusst unser Verhalten entscheidend. Es kann uns dazu veranlassen, den Raum sofort wieder zu verlassen oder den unwiderstehlichen Drang zu verspüren, uns gemütlich niederzulassen.

Wie entsteht dieses Klima? Es wird von den Menschen, die sich in diesem Raum aufhalten, geprägt. Ihre positiven oder negativen Einstellungen und Ausstrahlungen bilden die entscheidenden „Klimafaktoren".

Kennen Sie folgende Situation?

Sie sind neu im Unternehmen und betreten an einem Ihrer ersten Arbeitstage den Pausenraum. Schon vom Gang ist eifriges Stimmengewirr und lautes Gelächter zu vernehmen. Doch kaum treten Sie ein, verstummt diese Geräuschkulisse – nur mehr das Surren der Kaffeemaschine ist zu hören. Alle Blicke richten sich auf Sie, bis einer verlegen lächelt und Sie begrüßt. Ein anderer rückt zur Seite um für Sie Platz zu machen …

Was geht dabei in Ihnen vor?

„Die haben sicher gerade über mich geredet! Und gelacht haben sie auch! Nach so wenigen Tagen bin ich schon zur Witznummer geworden. Die lehnen mich total ab, wie soll ich da arbeiten können? Am liebsten würde ich morgen gar nicht mehr kommen, in dieses Team wachse ich nie hinein!"

Zugegeben, diese Situation ist sehr unangenehm. Verstummt ein Gespräch beim Eintreten einer Person, liegt die Vermutung einfach nahe, dass es sich in dem vorangegangenen Gespräch um genau diese Person gedreht hat. Die

Spannung liegt geradezu in der Luft. Nichts verunsichert uns mehr, als das plötzliche Verstummen der Kommunikation bei unserem Erscheinen.

Doch gehen wir noch einmal zu unserem Anfangsbeispiel zurück: Wie empfinden die anderen, die „Alteingesessenen", diese Situation? Da kommt ein Neuer ins Team und keiner kennt ihn. Keiner weiß, ob der Neue loyal zu seinen Kollegen ist, ob er Dinge auch einmal für sich behalten kann oder ob er alles Gehörte möglicherweise zu seinem eigenen Vorteil einsetzen wird. Die „Alten" sind also genauso misstrauisch gegen den „Neuen" wie umgekehrt. Es ist daher nicht verwunderlich, wenn das Gespräch bei seinem Erscheinen verstummt – auch wenn der Inhalt gar nicht ihn betroffen hat!

Interpretieren wir diese Situation nun sofort zu unserem Nachteil, verstärkt sich unser Misstrauen und auch unsere Unsicherheit. Wir reagieren dementsprechend und liefern den anderen damit erst recht Gründe, uns zu misstrauen. Die Negativspirale ist wieder in Funktion.

Tipp

Als neuer Mitarbeiter sollten Sie die Situation nicht überbewerten und das „natürliche Misstrauen" der anderen erst einmal akzeptieren. Es bringt wenig, sofort ein klärendes Gespräch einzufordern, das würde nur Probleme heraufbeschwören, die vielleicht noch gar nicht vorhanden sind. Übergehen Sie so eine Situation daher mit einem freundlichen Lächeln, bedanken Sie sich für das „Platzmachen" des einen Kollegen und signalisieren Sie Offenheit und Freundlichkeit. Vertrauen und Zugehörigkeitsgefühl will erst einmal erworben werden.

Anders ist die Lage, wenn sich die gleiche Situation – vielleicht sogar mehrmals – in einem „alten" Team abspielt. Meist passiert so etwas im Rahmen von Mobbing, also von bewusstem Hinausdrängen eines Mitarbeiters. Diese Form der „Kommunikationsverweigerung" wird als bewusste Waffe im Kampf gegen einen „Gegner" eingesetzt. Hier hilft nur ein klärendes Gespräch, in dem auch festgestellt werden sollte, ob diese negativen „Raumschwingungen" überhaupt noch aus der Welt geschafft werden können. Denn auf Dauer lässt es sich in so einem Klima nicht existieren und schon gar nicht effizient arbeiten.

Die Atmosphäre, die in einem Raum herrscht, wird, wie wir wissen, entscheidend von der Stimmung der Menschen geprägt, die sich in dem Raum befinden. Passt die gerade vorherrschende Stimmung nicht zu der unsrigen, fühlen wir uns unwohl. Auch ein Raum voller fröhlicher, feiernder Menschen kann eine Barriere sein, wenn wir nicht in der gleichen Stimmung sind. Sie können sich nun entweder weiter „verbarrikadieren" oder Sie lassen sich von der Fröhlichkeit ringsum einfach mitreißen– was unserer Meinung nach entschieden die bessere Lösung ist.

4.2 Der Ton macht die Musik

Musik beeinflusst unbestritten die Psyche. Mit Musik lässt sich therapieren, Musik kann uns in eine andere Welt entführen. Musik ist ein Bestandteil unserer Kultur, eine untrennbar mit dem Menschen verbundene Ausdrucksform. Ohne Musik wäre unser Leben unvorstellbar arm. Was wir jedoch schön und wohlklingend finden, hängt von unserem subjektiven Empfinden ab. Unser Gehör ist ein äußerst sensibles Organ. Das Ohr ist beispielsweise das erste Organ, das beim Menschen im Mutterleib entsteht. Wir können also schon hören, lange bevor wir sprechen und tasten lernen.

Im Mutterleib reagiert das ungeborene Kind bereits auf Geräusche von außen: in erster Linie auf die Stimme der Mutter. Diese Töne sind dem Neugeborenen sofort vertraut, unter all den fremden Eindrücken nach der Geburt ist es die Stimme der Mutter, die es wahrnimmt. Das erste „Urvertrauen" entsteht so durch Hören. Aber auch andere Geräusche wie etwa Musik kann das Ungeborene hören und schon darauf reagieren. Deshalb wird Schwangeren häufig das Hören von klassischer Musik empfohlen, nicht nur zur eigenen Beruhigung.

Das Ohr ist aber nicht nur zum Wahrnehmen von Tönen notwendig, es ist auch unser Gleichgewichtsorgan. Hören beeinflusst unser Leben sehr entscheidend. Es leitet akustische Reize zum Gehirn weiter. Je nach wahrgenommenen Frequenzen beeinflusst es auch unser Sprechen. Frequenzen, die wir nicht hören können, verwenden wir auch nicht in unserer Stimme. Und jeder Mensch hört anders: Frequenzbereiche, die für den einen noch wahrnehmbar sind, kann ein anderer nicht mehr registrieren. Deswegen empfinden Menschen auch Geräusche oder Musikstücke oft völlig unterschiedlich: Was für den einen ein toller Sound ist, empfindet der andere als unerträglichen Lärm.

Musik – und ist es auch die subjektiv wunderbarste der Welt – kann zu einer großen Barriere werden:

→ Hören wir in einem Warteraum beim Arzt Musik, die in uns negative Assoziationen hervorruft, fühlen wir uns dort nicht wohl.

→ Hören wir in allen Warenhäusern kurz vor Weihnachten dieselbe „stimmungsvolle" Weihnachtsmusik, kann das vorweihnachtliche Kauferlebnis zum Albtraum werden.

→ Steht vor unserem Bürofenster ein Straßenmusikant, der stundenlang die gleiche Musik spielt, werden wir bei aller Virtuosität geneigt sein, ihm faule Tomaten an den Kopf zu werfen.

→ Rufen wir zur normalen Geschäftszeit in einem Büro an und vernehmen im Hintergrund laute Radiomusik, fällt es uns schwer, an den Arbeitseifer der dort Beschäftigten zu glauben.

Die Empfindung von Musik ist also auch sehr stark von der Situation abhängig. Zu laute Musik oder zu oft wiederholte Musik erzeugt eine innerliche Abwehrreaktion. Achten Sie also darauf, dass Musik in Ihrem Büro nicht zur Barriere wird.

Aber nicht nur Musik kann zur Barriere werden. Eine Sprache, die wir nicht verstehen, wird zum reinen Klangerlebnis, ohne Kommunikation zu erzeugen. Störgeräusche in der Telefonleitung können ein gutes Gespräch jäh unterbrechen. Baulärm vor dem Fenster stört nicht nur die Konzentration, sondern oft auch die Kommunikation. Unsere Welt ist voll von lauten Geräuschen, von Lärm in allen Ausprägungsformen. Der Zusammenhang vom Lärm und Aggression ist ein weites Forschungsfeld für Psychologen.

Tipp

Gehen Sie bewusster mit „Hintergrundgeräuschen" aller Art um. Ein ungestörtes Telefonat oder eine Besprechung in einem ruhigen Zimmer sind zielführender als eine Geräuschkulisse, gegen die alle am Gespräch Beteiligten sich erst einmal durchsetzen müssen.

Die laute und die leise Stimme

Wie schon erwähnt beeinflusst auch die Lautstärke des Gehörten unsere Gefühle. Eine leise Hintergrundmusik empfinden wir als angenehm – ein lautes Orchesterdröhnen vertreibt uns. Ein leises Wassergeplätscher des Zimmerbrunnens beruhigt – ein lautes Wasserfallgetöse beängstigt.

Nicht immer kann man die Lautstärke der Umweltgeräusche beeinflussen. Die Lautstärke der eigenen Stimme können wir aber sehr bewusst steuern. Denn die Lautstärke der Stimme ist ein entscheidender Bestandteil unserer Kommunikation.

Sprechen wir besonders leise, vermitteln wir dem anderen das Gefühl, als wollen wir gar nicht wirklich mit ihm sprechen. Ist das Gesagte für ihn bestimmt? Wir wirken damit oft arrogant oder unsicher auf unser Gegenüber. Jemand, der verschämt „in seinen Bart hineinnuschelt", erweckt auf alle Fälle beim anderen wenig Vertrauen. Es ist außerdem peinlich, wenn wir den anderen nicht verstehen und ständig nachfragen müssen. Irgendwann fragen wir einfach nicht mehr, wir beenden lieber das Gespräch.

Besonders bei älteren Menschen entsteht oft ein Kommunikationsproblem durch die Lautstärke der Stimme des Gesprächspartners. Und hier meinen wir nicht nur die Tatsache, dass viele ältere Menschen schlechter hören und daher zunehmend von ihrer Umwelt isoliert werden. Uns geht es auch um die oft beobachtete Erscheinung, dass alten Leuten automatisch unterstellt wird, schlecht zu hören. So wird ein über 70-Jähriger grundsätzlich lauter angesprochen, egal, ob sein Gehör klaglos funktioniert oder nicht. Das signalisiert diesem eindeutig: „Für mich bist du alt, schwerhörig und wahrscheinlich auch ein bisschen schwer von Begriff!" Nicht gerade die beste Basis für gegenseitiges Verständnis.

Um die Barriere „falsche Lautstärke" zu vermeiden, ist es wichtig, dem andern zunächst einmal richtig zuzuhören. Dann fällt es uns leichter, seine Lautstärke zu spiegeln. Denn jeder spricht genau in der Lautstärke, die er selbst am besten hört: Hören und Sprechen hängen wie erwähnt eng zusammen.

Auch am Telefon ist es wichtig, die richtige Lautstärke zu wählen. Nur, wenn wir möglichst direkt ins Mikrofon des Telefonhörers sprechen, wird unsere Stimme am anderen Ende optimal wahrgenommen. Das Telefon filtert einiges von unserer Stimme weg – wenn wir auch noch weiter weg vom Mikrofon sprechen, geht zusätzlich „Echtheit" verloren. Nicht umsonst halten Sänger auf der Bühne das Mikrofon so nah an den Mund, als wollen sie es verschlucken. Sie wissen um die Tücken der Tonübertragung.

Tipp

Halten Sie den Hörer immer im selben Abstand und möglichst nah an den Mund, auch wenn Sie sich wegdrehen, weil Sie zum Beispiel eine Unterlage suchen. Der Gesprächspartner am anderen Ende der Leitung hört die Veränderung und ist irritiert. Er hat Ihre volle Aufmerksamkeit und somit eine optimale Tonqualität verdient!

4.3 Geruch als Barriere

Schon unsere Vorfahren hatten einen ausgeprägten Geruchssinn, der für ihr tägliches Leben und letztlich für ihr Überleben notwendig war. Heute wird unser Geruchssinn – so wie alle anderen Sinne auch – durch ein Übermaß an Informationen strapaziert, es fällt uns immer schwerer, die richtigen Informationen herauszufiltern. Wir müssen so mit unserem Gehirn kompensieren, was unsere Vorfahren mit dem Geruchssinn konnten: intuitiv erkennen, was die richtige Nahrung ist, wer der richtige Sexualpartner ist, wo der Raum zum Wohlfühlen ist.

Wir wissen aber, dass bestimmte Gerüche bestimmte Gefühle auslösen. Deswegen stellen wir Duftschalen in unsere Wohnräume, waschen unsere Wäsche mit besonderen Aroma-Waschpulvern, besprühen uns mehr oder weniger intensiv mit Parfüm, ja sogar in der Werbung wird mit Duftassoziationen gearbeitet. Und auch die alternative Medizin hat sich dieser Erkenntnis bemächtigt, und die Aromatherapie ist ein wichtiger Bestandteil alternativen Heilens geworden. Wie entsteht dieser Sinnesreiz in unserer Nase?

Unser im Limbischen System eingebetteter Geruchssinn ist permanent aktiv. Millionen von Riechzellen befinden sich im Bereich der Nase, dem Geruchsorgan. Über die Riechschleimhaut hält das zentrale Nervensystem an dieser Stelle Kontakt mit der Außenwelt. Düfte werden so als Information empfangen und mit bisher gespeicherten Informationen verglichen.

Denken Sie einmal an den typischen Krankenhausgeruch – jeder von uns verbindet damit unbestimmte Ängste und meist negative Erfahrungen. Sobald wir ein Krankenhaus betreten, stellt sich automatisch das gleiche Gefühl ein. Wie riecht es dagegen in einer Parfümerie? Es riecht nach Schönheit, Wohlfühlen und Leichtigkeit. Wir können beobachten, wie sich ein Gesicht in Sekundenbruchteilen bei einem bestimmten Duft verändert. Denn Düfte wirken sehr schnell stimulierend, sie wirken unmittelbar auf unsere Gefühle.

Diese Wirkung entfaltet sich genauso schnell bei negativen Geruchsassoziationen. Ein zu intensiver Duft wird als bedrohlich und unangenehm empfunden. In diese Kategorie fallen nicht nur der schon erwähnte Krankenhausgeruch oder der typische Zahnarztgeruch. Auch ein bestimmter Blütenduft kann als zu intensiv empfunden werden oder auch ein bestimmter Speisengeruch. Im Prinzip kann jeder Duft, den wir in unserer Erinnerung mit negativen Situationen verbinden, zu negativen Gefühlen führen – vor allem, wenn er zu intensiv ist. So entstehen oft unbewusst Barrieren, und zwar ohne böse Absicht und ohne es überhaupt zu bemerken. Denn wer kann schon ahnen, dass der Gesprächspartner mit dem frischen Fliederduft in unserem Büro die endlos langweiligen Stunden seiner Kindheit bei der verhassten Tante Amalie assoziiert?

Jeder Mensch hat einen ganz individuellen „Eigenduft". Dieser Duft verändert sich je nach seelischem Zustand oder momentaner Emotion. So löst Freude einen ganz anderen Duft aus als Ärger, Stress oder Krankheit. Diese individuelle Duftnote wird von unseren Mitmenschen „empfangen" und „entschlüsselt". „Er konnte die Angst seines Opfers riechen", steht im Kriminalroman. „Ich kann sie einfach nicht riechen", erzählen wir einer Freundin über die neue Kollegin. Der Geruch entscheidet also auch über Sympathie und Antipathie. Trotz aller Anstrengungen des zivilisierten Menschen, seinen Eigengeruch mit Kosmetik und Reinigungsmitteln zu vernichten, bleibt ein Rest von „Duftinformation" vorhanden. Parfüm kann diesen Eigenduft nicht gänzlich zudecken, es kann ihn nur verändern. Deswegen riecht Parfüm an jedem Menschen anders. Doch gerade dieser „verfälschte" Duft kann die Ursache sein, warum wir jemanden nicht riechen können. Parfüm muss zur Person passen, wie die richtige Kleidung in der richtigen Farbe. Es sollte den „Eigengeruch" unterstreichen, besser zur Geltung bringen. Ein Zuviel des Guten kann eine unsichtbare Wand zum anderen aufbauen, kann den anderen „wegschieben". Suchen Sie daher Ihr Parfüm sehr sorgfältig aus und dosieren Sie es möglichst sparsam. Penetrantes Parfüm stößt ab, statt anzuziehen!

Wer sich beruflich häufig in Stresssituationen befindet, sollte bewusst auf seine Körperpflege achten – der Geruch nach „Stress-Schweiß" vertreibt Gesprächspartner schnell. Stress-Schweiß riecht auch ganz anders als zum Beispiel „Sport-Schweiß". Dieser Geruch wirkt eher anregend, aktiv, gilt sogar als sexueller Stimulus. Der Körpergeruch hat aber auch etwas mit der Lebensweise zu tun. Wer gesund lebt, sich gesund ernährt, übermäßigen Alkohol- und Nikotingenuss meidet, hat auch einen anderen Geruch. Die ungesunde Lebensweise merkt man nicht zuletzt auch am Mundgeruch – eine der größten zwischenmenschlichen Barrieren!

Leider sind es gerade diese persönlichen Geruchsbarrieren, die besonders unüberwindlich sind. Merkt der andere seine „Negativausstrahlung" nicht selbst, bleibt sie meist lange aufrecht. Denn es gehört zu den heikelsten Gesprächen, einem anderen klarzumachen, warum alle von ihm abrücken. Unsere persönliche „Körpersphäre" ist für viele ein Tabuthema. Wir fühlen uns in unserer Persönlichkeit zutiefst gekränkt, wenn jemand unseren Geruch kritisiert. Daran merken wir, wie wichtig und untrennbar Geruch mit Persönlichkeit verbunden ist. Sprechen Sie daher so ein Thema bei Kollegen und Freunden immer behutsam und vor allem sehr sachlich an.

Ohne Rauch geht's auch

Nicht nur der körperliche Geruch unserer Mitmenschen ist ausschlaggebend dafür, ob wir uns an einem bestimmten Ort wohlfühlen oder nicht. Ein angenehmer Duft in den Räumen, in denen wir leben oder arbeiten stimmt uns positiv.

Das Problem ist aber, dass wir den Geruch des Raumes, in dem wir uns länger aufhalten, mit der Zeit einfach nicht mehr wahrnehmen. Unsere Nase wird „betriebsblind". Jemand, der in den Raum neu eintritt, hält augenblicklich die Luft an. Dumpfe, abgestandene Luft im Raum erzeugt leicht ein Gefühl der Enge und Beklommenheit – ganz abgesehen von der negativen Wirkung auf unser Gehirn, wenn die frische Sauerstoffzufuhr fehlt! Sollten also ihre Besucher unmerklich die Luft anhalten, die Nasenflügel aufblähen (auf der Suche nach frischer Luft) oder nur mehr sehr „flach" atmen, wird es höchste Zeit für einen Frischluftimport.

Eine weitere, derzeit allgemein diskutierte Geruchsbarriere im Raum ist der Rauch. Im Zuge das „Wellness-Trends" unserer Gesellschaft ist Rauchen zunehmend verpönt. In den USA, wo dieser Trend schon vor Jahrzehnten entstand, sind Rauchverbote in öffentlichen Räumen etwas Selbstverständliches. In Europa halten sich noch immer hartnäckig einige „Raucherinseln". Es ist jedoch mittlerweile unbestritten, dass vor allem Nichtraucher den Rauchgeruch als störend und negativ empfinden. Die gesundheitliche Gefährdung durch Passivrauchen hat ebenfalls dazu beigetragen, dass von Rauchern einfach mehr Rücksicht gefragt ist. Immer mehr Büros verbannen Raucher ins Freie oder in einen speziellen Raum.

Entsteht erst einmal dicke Luft, versuchen wir oft Rauch und andere unangenehme Gerüche durch „Überdecken" mit anderen Duftstoffen zu beseitigen. Analog zum Körperparfüm wird so aber der Raumduft nur verfremdet, die Luft wird nicht unbedingt „besser". Ein Duftspray auf der Toilette hat seine Berechtigung – aber ein Zuviel an Duftspray im Raum kann penetrant wirken. Duftlampen und Duftschalen können in feinen Dosierungen eine sehr angenehme Atmosphäre schaffen. Wird der Geruch jedoch zu synthetisch und intensiv, kann er auch die Schleimhäute empfindlicher Menschen überreizen und zu tränenden Augen und Halsbeschwerden führen. Möglicherweise weint also Ihr Besucher nicht vor Rührung über die vorweihnachtliche Stimmung in Ihrem Büro, sondern der Zimt- und Zitronenduft ist ihm einfach zu intensiv!

Tipp

Dezente Duftstoffe, wie sie die Natur produziert, sind immer noch die besten Stimmungsmacher. Gesunde Grünpflanzen, ein frischer Blumenstrauß oder eine Schale frischen Obstes sind stets gute Klimaerzeuger. Und eine gelegentliche Frischluftzufuhr beseitigt Geruchsbarrieren im Raum einfach und wie von selbst.

4.4 Unsichtbare Machtbereiche

Auf einem Fußballfeld ist alles klar: Auf der Mittellinie beginnt das Spiel, im Strafraum darf der Tormann den Ball mit den Händen fangen und der gegnerische Spieler nicht gefoult werden, sonst gibt es einen Elfmeter. Und ein Tor zählt erst dann, wenn der Ball die Torlinie überrollt hat. Alle diese Linien und Punkte sind klar gekennzeichnet und auch noch vom letzten Zuschauerrang aus deutlich zu erkennen. Außerdem gibt es da noch den Schiedsrichter, der im Zweifelsfall entscheidet.

In unserem Geschäftsleben geht es da wesentlich „unsportlicher" zu: Wer was wann und wo darf, ist nicht immer so klar. Und Schiedsrichter gibt es erst recht keinen. Meist gilt, was der Chef sagt, und der ist selten unparteiisch. Das wäre genau so, als würde der Mittelstürmer entscheiden, ob sein Tor gilt oder nicht! Und wo sind die klar gekennzeichneten Machtbereiche? Es gibt keine Boden- oder Tischmarkierungen, die anzeigen, wo ich meine Unterlagen platzieren darf und wo nicht. Es bleibt der Feinfühligkeit des Mit-

menschen überlassen, zu erkennen, wann er eine unsichtbare Grenze überschritten hat und wann es daher Zeit ist, sich zurückzuziehen. Denn diese
Machtbereiche existieren und wer sie überschreitet, hat meist mit Konsequenzen zu rechnen (vgl. auch Kap. 1.3 bzw. 3.4).

Manche Mitmenschen setzen aber das Eindringen in fremde Territorien
auch als bewusste Waffe ein. Es soll einschüchtern und dem anderen Dominanz signalisieren. Denn die normale Reaktion ist ja ein mehr oder weniger
bewusstes Zurückweichen des anderen. Distanzzonen, die also von anderen
unbewusst bzw. berufsbedingt überschritten werden, bilden eine Barriere in
unserer Kommunikation. Wir versuchen diese Barriere zu überwinden, indem
wir auf andere Weise diese Distanz wieder herstellen: Wir flüchten nach hinten, wir drehen uns seitlich (denken Sie an die bereits erwähnte „Knochenseite", auch sie dient hier als Abwehr), wir schauen weg oder wir versuchen
durch einen angedeuteten Angriff unsererseits den anderen in die Flucht zu
schlagen. Das ist übrigens meist dann eine gute Lösung, wenn Dominanz und
Machtspiele der Grund fürs feindliche Eindringen sind.

Tipp

Versinken Sie nicht noch tiefer in Ihrem Stuhl, wenn der Kollege
demonstrativ auf Ihrer Stuhllehne sitzt und versucht, direkt auf
Ihren Bildschirm zu blicken. Richten Sie sich vielmehr bewusst auf,
stehen Sie eventuell sogar auf und drehen Sie dem anderen leicht die
Knochenseite zu. Zeigen Sie einem „Eindringling" auf diese Weise ruhig die „kalte
Schulter". Er wird diese versteckten Signale sehr wohl zu deuten wissen, wenn
vielleicht auch nur unbewusst!

Viele unsichtbare Machtbereiche sind auch individuell geprägt: Der eine be-
nötigt einen größeren Abstand zum Wohlfühlen, ein anderer stellt durch das
Beanspruchen von „Extraraum" seine Wichtigkeit, seine Macht unter Beweis.
Einem gekrönten Haupt nähert man sich ja auch nur bis zu einer gewissen
Grenze!

Die Lage des Büros

Ein wesentlicher Hinweis auf einen Machtbereich ist auch die Lage eines Büros. Selbstverständlich hat der Chef das schönste und größte, das mit der schönsten Aussicht, also meist ein Eckbüro. Von hier „strahlt" die Macht geradezu in alle Richtungen. Der Schreibtisch steht dann noch meist schräg gegenüber der Tür, direkt vor dem Fenster. Dort thront der Chef, hat alles und jeden Eintretenden fest im Blick, während dieser dessen Gesichtszüge nicht deuten kann, weil die ja im Gegenlicht nicht erkennbar sind. Nebenan befinden sich die Büros der wichtigsten Mitarbeiter, je nach Rang nach Größe und Aussicht geordnet. Wer so ein Einzelbüro in der Nähe des Machtzentrums ergattert, der befindet sich auf dem Weg nach oben.

Wer sich jedoch ein Büro mit zwei anderen Mitarbeitern teilen muss, noch dazu mit Blick auf einen engen Lichthof, dessen Aussichten sind wahrlich noch nicht so rosig. Aber gerade diese Mitarbeiter in solchen Büros müssen sich innerhalb des Raumes ihre Machtbereiche mühsam erkämpfen und reagieren daher umso heftiger auf ein Missachten dieser Bereiche. In vielen solcher „Großraumbüros" wird ein Großteil der Energie für „Territorialvergrößerungen" aufgewendet. Da werden Papierkörbe hin und her geschoben, Aktenstapel umgeschichtet, Pflanzen umgestellt, nur um sie angeblich besser ins Licht zu rücken. Ist kein objektiver Raumgewinn möglich, so wird zumindest der eigene Bereich deutlicher hervorgehoben, verteidigt. Durch bunte Accessoires, egal ob übergroße Kaffeetassen, in Messing gerahmte Bilder der Lieben oder „Verzierung" des Computers, hier wird deutlich: Das ist mein Bereich, und ich rate Dir kein Eindringen! Wer so unvorsichtig ist, zwei Wochen urlaubsbedingt fern zu bleiben, der findet das „Schlachtfeld" verändert vor: Die Pinnwand ist voll mit anderen Urlaubskarten, ein Merkblatt wurde ausgetauscht, weil das alte angeblich von einem allzu heftigen Windstoß zerrissen wurde. Am schlimmsten aber ist der Stoß alter Akten, der sich auf dem eigenen Schreibtisch angesammelt hat – „Das brauchen wir eigentlich nicht mehr. Wir dachten, weil Sie doch gerade nicht da sind, legen wir es einstweilen auf Ihren Tisch. Wenn Sie's nicht mehr brauchen, entsorgen Sie es doch einfach!" – der eigene Schreibtisch als letzte Station vor dem Aktenvernichter!

Arbeiten zwei Mitarbeiter an gekoppelten Schreibtischen, kann dieser Kampf ums eigene Territorium richtiggehend ausarten. Die simpelsten Dinge werden zum Ärgernis: Einmal ist der Locher zu weit im eigenen Bereich, dann wieder fällt ein abgestorbenes Blatt vom „feindlichen" Blumentopf auf die eigene Schreibunterlage. „Gut, sage ich ihr halt nicht, dass ein wichtiger Kunde für sie angerufen hat!" Viel wertvolle Energie verpufft im territorialen Kleinkrieg.

Die Arbeit in Großraumbüros ist auch aus diesen Gründen ziemlich anstrengend. Es fällt hier schwer, sich zu „verbarrikadieren", der Machtbereich ist denkbar klein. Alle möglichen Zwischenbarrieren werden aufgezogen – kann ich den eigenen Machtbereich nicht nach der Seite hin ausdehnen, muss ich es in die Höhe tun. Künstliche und nicht immer optisch sehr ansprechende Raumteiler versuchen Abhilfe zu schaffen und aus einem großzügigen Raum wird so eine ungeordnete Anordnung von Bienenwaben – den tieferen Sinn hinter der Großraumidee zu erkennen, fällt uns wahrlich schwer!

Als Eindringen in den eigenen Machtbereich wird nämlich nicht nur ein physisches Eindringen empfunden, sondern auch ein visuelles: Wer mich ständig beobachtet, bedroht mich! Wer immer die Kontrolle darüber hat, was ich gerade tue, der hat auch Macht über mich. Chefs, die hinter einer Glaswand arbeiten, sind oft aus genau diesem Grund besonders schwierige Chefs: Sie fühlen sich von ihren Mitarbeitern beobachtet und kontrolliert.

Der unsichtbare Chef

Ein typisches Zeichen von Macht ist es auch, für seine Mitarbeiter nie wirklich greifbar zu sein. Wer gerade noch in seinem Büro war und im nächsten Moment schon im Flugzeug nach New York sitzt, der ist wichtig. Wer schon vor dem ersten Mitarbeiter im Büro ist oder zum normalen Arbeitsbeginn schon beim ersten Meeting sitzt, obwohl er am Vorabend mit Abstand der letzte am Arbeitsplatz war, der ist den anderen einfach eine Nasenlänge voraus. Böse Zungen behaupten, es gäbe Manager, die einen Zweitmantel und eine Zweitaktentasche im Büro zurücklassen, als untrügliches Zeichen ihrer Allgegenwart!

Kapitel 4: Unsichtbare Barrieren

Viele Chefs tun sich deshalb auch mit der Politik der offenen Türe schwer. Denn wer immer erreichbar ist, kann ja nicht wirklich wichtig und mächtig sein. Ein moderner Führungsstil verlangt aber genau diese Erreichbarkeit von Chefs. Der direkte Zugang zum Kunden und potenziellen Geschäftspartnern wird von allen gefordert. Sekretariate sind heute keine Bollwerke mehr gegen unliebsame Eindringlinge. Wer sich von seiner Sekretärin ständig abschirmen und notfalls auch verleugnen lässt, der ist somit rettungslos altmodisch in seinem Führungsverständnis.

Es kann zur echten Barriere werden, wenn jemand seine „Territorialsicherung" so weit treibt, dass er auch telefonisch nie erreichbar ist. Wer seiner Sekretärin verbietet, die Durchwahl des Sekretariats bekanntzugeben, widerspricht dem Trend zum Servicecenter. Eine Abteilung eines Unternehmens ist nicht Exerzierfeld für Machtspiele, sondern eben ein Servicecenter für externe und interne Kunden.

Persönliche Machtbereiche sind uns wichtig, sie werden oft als Teil unserer Identität angesehen und dementsprechend verteidigt. Wer sich unsensibel über solche Bereichsgrenzen hinwegsetzt, errichtet neue, ebenfalls unsichtbare Barrieren. Das soll aber nicht bedeuten, dass eingefahrene, oftmals unsinnige Machtgrenzen ewig bestehen bleiben. Wer sein Eindringen in fremde Machtfelder offen und direkt anspricht, der nimmt dem anderen den Wind aus den Segeln. Es fällt diesem dann leichter, den momentanen „Territorialverlust" zu erdulden – vor allem dann, wenn er davon auch einen Vorteil hat.

Kapitel 5

Barrieren im Gespräch

5.1 Die ersten Sekunden im Gespräch

Bevor wir das erste Wort sprechen, senden wir dem Gegenüber schon eine Vielzahl von versteckten Signalen. Die Körpersprache lässt erkennen, wie sich zwei Menschen gegenübertreten. Im ersten Kapitel haben wir uns schon ausführlich damit befasst. Was aber geschieht, wenn die ersten Worte gewechselt werden? Welche versteckten Signale verbergen sich hinter unseren ersten Worten?

Es geht uns im Folgenden nicht so sehr um den tatsächlichen Inhalt der Worte, sondern um den „versteckten" Inhalt, um das, was zwischen den Zeilen steht. Es geht uns auch um die Art und Weise, wie Worte eingesetzt werden. Denn nicht nur der Sachinhalt eines Satzes ist wichtig, auch die darin versteckte Aussage.

Woran erkenne ich diese versteckte Aussage? Der Tonfall und die Betonung einzelner Worte zeigen, was genau gemeint wird. Es macht einen Unterschied, ob ich einen Satz undeutlich „in den eigenen Bart" murmle, oder ob ich die gleichen Worte laut und deutlich artikuliere. Die Wahl unserer Worte, der Zeitpunkt, den wir uns aussuchen, und der Kommunikationsweg sind ebenfalls aussagekräftig. Es macht einen Unterschied, ob uns der Empfänger unserer Botschaft ein persönliches Gespräch beim Abendessen in unserem Lieblingsrestaurant oder nur eine kurze Nachricht auf der Mailbox wert ist.

All diese Punkte bilden die Mosaiksteine, die erkennen lassen, ob ein Gespräch gerade Barrieren bildet oder diese aber überwindet. Untrennbar sind diese versteckten Zeichen aber mit Mimik und Gestik – eben mit der Körpersprache – verbunden. Nur in der Gesamtheit entsteht das Bild im Gegenüber.

Manchmal widersprechen sich Körpersprache und Worte deutlich. Ein körpersprachlich geschulter Verkäufer kommt uns mit offener Gestik und „kundenorientiertem" Lächeln entgegen. Doch der Satz *„Schauen Sie sich doch einmal um, und wenn Sie sich wo nicht auskennen, fragen Sie mich halt!"* wird den Einstieg in ein gutes Verkaufsgespräch kaum erleichtern. Es ist wichtig, auf die ersten Worte zu achten und sich nicht nur vom Lächeln verführen zu lassen!

Gesprächssignal Gruß

In allen menschlichen Kulturen, ja sogar in der Tierwelt, gibt es Rituale, die wichtiger sind als der Gruß (vgl. dazu auch Kap. 1.2). Ein Lebewesen zeigt damit dem anderen, dass es willkommen ist, dass keine Barrieren sie voneinander trennen. Egal, ob nur die Hand gehoben wird, ob ein kurzes Kopfnicken, eine Verbeugung die Grußworte begleitet oder eine herzliche Umarmung stattfindet – der passende Gruß öffnet die Tür zum anderen.

Es gibt jedoch unendlich viele verschiedene Arten, sich verbal zu begrüßen. Und es ist ganz und gar nicht egal, welche Variante wir in der jeweiligen Situation wählen. Ein joviales „Hallo, Du" lockt einen korrekt-konservativen Neukunden sicher nicht aus der Reserve. „Ich freue mich ja so, Sie endlich einmal persönlich zu treffen, ich habe ja schon soo viel von Ihnen gehört!", wird die schüchterne Gattin des Arbeitskollegen noch mehr verunsichern – was hat der wohl über mich gehört? Ganz zu schweigen von dem allzeit beliebten Gruß um die Mittagszeit: „Mahlzeit!" – und das ausgerechnet am stillsten Örtchen des Bürogebäudes!

In diesen Fällen handelt es sich eindeutig um den vielleicht richtigen Gruß am völlig falschen Ort. Der gute Wille war vorhanden, doch leider ist schon durch diese ersten Worte eine Hürde entstanden, die erst mühsam wieder abgebaut werden muss. Ein unnützer Kraftaufwand, der durchaus hätte vermieden werden können.

Aus Gedankenlosigkeit (oder böser Absicht?) werden beim Begrüßen oft Formulierungen gewählt, die den berühmten Rollbalken mit lautem Getöse herunterfahren lassen. Ein barsches „'n Tag, Sie wünschen?" war noch nie der

Verkaufsschlager. Aber auch das auf dem letzten Verkaufsseminar antrainierte, im wohlklingenden Singsang vorgetragene Begrüßungssprüchlein geht ins Leere, wenn die hochgezogenen Augenbrauen dabei Langeweile beziehungsweise Überheblichkeit signalisieren.

Es ist wichtig, beim Gruß auf die passende Wortwahl und die richtige Anrede zu achten. Wenn ich von der bevorstehenden Begegnung weiß, kann ich mich vorher informieren, über welche Titel der andere verfügt. Und wenn wir genau hinhören, merken wir sehr schnell, ob der andere auf diese Titel wert legt oder nicht. Stellt sich jemand mit „Gestatten, Meier!" vor, wird man den Professor und den Dr. jur. ruhig weglassen können.

Nummern statt Namen?

Horrorvisionen einer futuristischen Welt sind immer geprägt vom Verlust der persönlichen Identität. Ausgedrückt wird dieser Verlust durch das Ersetzen des Namens durch eine Nummer. Sehr schnell mutieren auf diese Weise menschliche Wesen zu gesichtslosen und austauschbaren Geschöpfen. Der Name ist ein wichtiges Ausdrucksmittel der eigenen Persönlichkeit. Jeder möchte daher auch mit dem eigenen Namen angesprochen werden. Nur so fühlen wir uns auch persönlich willkommen, als Individuum angenommen.

Es ist immer ein Zeichen der Wertschätzung, den Gesprächspartner von Beginn an mit Namen anzusprechen. Daher sollte
man besser gleich nachfragen, falls man diesen nicht verstanden
hat. Aber bitte nie mit: „Wie war Ihr Name?" Diese Wortwahl signalisiert
dem anderen: Ich habe dich geistig schon weggeschoben, du existierst nur mehr
in der Vergangenheit für mich!

Beziehen Sie den Namen Ihres Gesprächspartners von Anfang an ins Gespräch ein. So können Barrieren viel schwerer entstehen und bereits bestehen-
de Hürden leichter überwunden werden. Peinlich wird es nur, wenn Sie den
Namen des anderen leider vergessen haben: „Guten Tag, Frau Ähm …" –
peinliche Pause! Finden Sie spontan keinen hilfreichen Anhaltspunkt, so geben Sie Ihre Gedächtnislücke auch ehrlich zu. Aber schieben Sie den Fehler
nicht auf den anderen: „Ich merke mir sonst Namen sehr gut, aber Ihren
kann ich einfach nicht behalten …" Wer sich angewöhnt, die Namen seiner
Mitmenschen oft zu verwenden – egal ob bei einem Freund, einem Kollegen
oder einem Kunden –, der wird dieses Problem seltener haben.

Als kleine Hilfe wurden ja auch die Visitenkarten erfunden. Im Geschäftsleben ist es mittlerweile üblich, diese kleinen Kärtchen beim Erstkontakt aus-
zutauschen.

Stecken Sie so eine Karte nie achtlos weg, sondern lesen Sie sie
auch vor den Augen des Übergebers. Es beweist ihm, dass Sie
ihn ernst nehmen. Die Karte einfach in der Hosen- oder Handtasche verschwinden zu lassen, kann eine neue Beziehung von Anfang an ge-
fährden.

Doch gleiches Recht für alle: Nennen Sie auch Ihren Namen laut und deutlich, jeder hat ein Recht darauf zu erfahren, mit wem er es gerade zu tun hat.

Verstecken Sie sich im Berufsleben nicht hinter der Anonymität Ihrer Firma. Auch ein Beschwerdegespräch verläuft anders, wenn der Kunde seine Probleme mit der Frau Meier bespricht, anstatt mit der ABC-AG!

Egal in welchem Umfeld Sie tätig sind – behandeln Sie Ihren Gesprächspartner immer als Individuum, nicht als Nummer oder reines „Sachobjekt" –, wenden Sie Ihre ganze Aufmerksamkeit ihm zu, egal wie wichtig die Sache ist, um die es geht. Das schafft Vertrauen, eine gemeinsame Basis.

5.2 Worte als Bausteine der unsichtbaren Wand

Ich statt Du

„Du siehst gut aus, wohl auf Urlaub gewesen?"

„Ja, ich war zwei Wochen in der Karibik!"

„Ach, traumhaft, da war ich mit meiner Frau letztes Jahr auch!"

„Ja, wir waren ganz begeistert: das tolle Hotel, der Strand und diese Sonnenuntergänge …"

„Bei uns hat es leider vier Tage geregnet, aber in einem Fünf-Sterne Hotel erträgt man das auch ganz gut, ha, ha, ha!"

„Wir waren so faul, nicht einen einzigen Ausflug haben wir mitgemacht, nur immer am Pool oder am Strand gefaulenzt – herrlich!"

„Ja, unser Strand war auch herrlich …"

So ein Gespräch kann noch ewig so weitergehen, je nach verfügbarem Zeitrahmen der beiden Gesprächspartner. Aber ist „Gesprächspartner" hier überhaupt das richtige Wort? Brauchen sich die beiden überhaupt? Außer dem einleitenden „Du" kommt dieses Wort nicht mehr vor. Keiner reagiert auf den anderen, jeder erzählt nur von seinen eigenen Erlebnissen und Erfahrungen. Gegenseitiges Interesse lässt sich hier schwer erkennen.

Kommt Ihnen so eine Gesprächssituation bekannt vor? Wir behaupten, zwei Drittel aller „Nach-Urlaubs-Gespräche" laufen so ab. Und leider nicht nur diese. Jeder ist meist mehr daran interessiert, die eigenen Gedanken möglichst schnell, laut und ungefiltert an den Mann zu bringen. Ob das den anderen interessiert, wird nicht hinterfragt. Echte Kommunikation als Austausch von Botschaften findet so nicht statt. Zwischen beiden steht eine unsichtbare Wand, die immer mehr wächst, je länger jeder seinen „Monolog" hält. Ein Spiegel als Gegenüber würde auch genügen – ja, das hätte auch noch den Vorteil, sich selbst nicht nur zuzuhören, sondern auch noch optisch bewundern zu können – die perfekte Gesprächssituation für Kommunikationsegoisten!

Wer diese Mauer erst gar nicht entstehen lassen will, der sollte viel öfter das Wort „Du" in seinen Sprachgebrauch einfließen lassen. Versetzen Sie sich in die Lage Ihres Gesprächspartners: Was bewegt ihn? Was möchte er mir sagen? Was meint er wirklich? Nur wer sich die Brille seines Gegenübers aufsetzt, der wird mit Worten eine Brücke bauen können – denn ich muss ja wissen, wohin die Brücke führen soll, wo sich der andere gerade befindet. Wer immer nur von sich redet, ist bald allein. Wer sich dem Du zuwendet, wird Freunde gewinnen.

Tipp

Bleiben Sie neugierig auf die Geschichten der anderen. Ihre eigenen kennen Sie ja schon.

Worte als leere Hüllen

Kindern sei die Angewohnheit, einfach drauflos zu plappern, gerne verziehen. Sie zeichnen sich meist durch Originalität in ihrem Denken aus, nichts ist noch antrainiert, das Meiste wirklich spontan. Bei den Erwachsenen geht die Originalität leider vielfach verloren – was bleibt, ist die Angewohnheit, zuerst zu sprechen und dann zu denken. Um die Zeit bis zum ersten echten Geistesblitz zu überbrücken, wird munter drauflos geredet. Die nötigen Floskeln sind schnell zur Hand und „perlen" leicht von den Lippen! Unter dem Motto: „Nur wer spricht, ist wichtig!", gilt Schweigen als verpönt, als Zeichen von Schwäche.

Einige Beispiele gefällig?

„Eigentlich möchte ich dazu noch Folgendes sagen …"

„Also, wenn ich mir das so recht überlege …"

„Nein, was Sie nicht sagen!"

„Aber selbstverständlich, freilich höre ich zu …"

„Ja, immer nur schnell drauf los, sag ich immer …"

„Im Prinzip ist es ja so …"

„Also, das tut mir aber ehrlich leid …"

„Ich bin Ihnen ja überaus dankbar – in Anbetracht dessen, wie kostbar doch unser aller Zeit ist, dass Sie …"

„Es ist nun mal nicht einfach, der Beste zu sein."

Diese Liste ist beliebig fortsetzbar. Sie sollen Originalität vortäuschen und sind doch nur leere Hüllen. Wer sein Gespräch so beginnt, schiebt den anderen von sich weg – es geht ihm nicht um den Gesprächspartner, es geht ihm nur um Selbstdarstellung. Solche Menschen messen den Gesprächserfolg einzig und allein am eigenen Sprechanteil. Doch wie beim Fußball gewinnt nicht die Mannschaft mit dem größten Prozentsatz Ballbesitz sondern diejenige, die das entscheidende Tor mehr schießt.

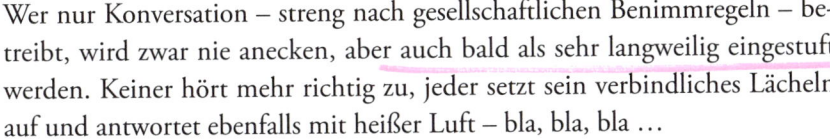

Tipp

Achten Sie auf eine treffsichere Sprache: Was will ich wirklich sagen? Was ist auch für mein Gegenüber interessant? Was fühle ich wirklich – unabhängig von dem, was „man" in solchen Situationen so sagt!

Wer nur Konversation – streng nach gesellschaftlichen Benimmregeln – betreibt, wird zwar nie anecken, aber auch bald als sehr langweilig eingestuft werden. Keiner hört mehr richtig zu, jeder setzt sein verbindliches Lächeln auf und antwortet ebenfalls mit heißer Luft – bla, bla, bla …

Ein gutes Gespräch von Mensch zu Mensch verlangt echtes Gefühl, Anteilnahme und „Sich-Hineinversetzen" in den anderen. So wird das Gespräch einmalig, so einmalig wie jeder Mensch nun einmal ist.

Nutzen wir diese individuelle Gabe und machen wir uns nicht zu gesichtslosen „Gesprächsautomaten"!

Ironie und schlechte Witze

Lachen ist gesund und gemeinsames Lachen verbindet. Humor ist daher in der Kommunikation sehr beliebt und hat schon manches allzu ernste Gespräch gerade noch rechtzeitig aufgelockert. Wer es beherrscht, im richtigen Moment für fröhliche Gesichter zu sorgen, gilt schnell als beliebter Gesprächspartner. Wer sieht sich nicht gerne in der Rolle des witzigen Alleinunterhalters auf jeder Party – umringt von begeistertem Publikum, allzeit beliebt und strahlender Mittelpunkt?

Doch was ist von folgenden Gesprächseinleitungen zu halten?

→ „Finden Sie nicht auch, dass unsere Gastgeberin ihrer Bulldogge jedes Jahr ein wenig ähnlicher sieht? Nur wird die Bulldogge sicher nie in großgeblümten Kleidern herumlaufen, ha, ha, ha!"

→ „Also Ihre Krawatte gefällt mir ganz besonders gut! Vor Jahren hatte ich auch so eine, die waren damals ja sehr modern!"

Bei so viel übersprühendem Witz bleibt dem anderen sicher das Lachen in der Kehle stecken. Es ist zwar erwiesen, dass wir besonders gerne aus Schadenfreude lachen, aber trotzdem ist von Witzen auf Kosten Dritter dringend abzuraten. Das wirkt überheblich und taktlos. Steht das Zentrum des Spotts auch noch genau vis-à-vis, ist der Gesprächsfaden nachhaltig durchtrennt. Solche Tritte ins Fettnäpfchen werden im Unterbewusstsein dauerhaft gespeichert, die Gesprächskultur ist nachhaltig gestört.

Humor hat stets auch mit Zeitgeist zu tun. Unsere Großväter lachten noch herzlich über Dick und Doof. Heute ist das Fernsehen – auf der Suche nach immer höheren Quoten – in ganz andere Bereiche vorgestoßen. Es gibt kaum mehr Themen, die tabu sind. Alles und jeder ist dem Spott ausgesetzt. Geschmacklosigkeiten werden bewusst als Provokation eingebaut. Hauptsache, man bleibt im Gespräch. Humor kann somit sehr aggressiv sein, er wird zur Waffe. Der, um den es geht, kann sich kaum wehren, ohne als „humorlos" angesehen zu werden.

Die einzige Waffe besteht darin, die Ironie zurückzugeben. Doch wem fallen im passenden Moment die gleichen Niederträchtigkeiten ein? Ist so eine verbale Schlammschlacht wirklich lustig?

Bei Witzen ist der Grat zwischen Lachsalven und betretenem Schweigen sehr schmal. Ob ein Spaß als geschmacklos aufgefasst wird, hängt von der Umgebung, der Stimmung und der Vertrautheit der Beteiligten ab. Gerade im öffentlichen Bereich – und dazu zählt das Geschäftsleben nun einmal – ist Vorsicht angebracht. Selbst wenn die Betriebsfeier noch so fröhlich und ausgelassen verläuft, der tolle Witz ist am nächsten Tag, so ganz nüchtern betrachtet, doch nicht mehr ganz so komisch. „Humor" dieser Art schafft Misstrauen und wirkt unprofessionell.

Tipp

Echten Humor beweist, wer über sich selber lachen kann. Wer immer nur über andere lacht, wird bald alleine lachen.

Barrieren aus der Gerüchteküche

Wir lachen gerne aus Schadenfreude und wir reden gerne über andere.

„Hast Du schon gehört? Der Huber soll gewaltigen Krach mit seiner Frau haben. Na, ist auch kein Wunder, so wie der allen weiblichen Wesen nachsteigt! Würde mich nicht wundern, wenn er mit der Neuen nicht auch bald was hat …"

So und ähnlich verlaufen viele Gespräche in den Gängen, Kantinen und Büros. Beim nächsten Weitererzählen ist dann das neue Verhältnis des Herrn Huber schon fixe Tatsache. So entstehen Gerüchte, keiner weiß genau, wer damit angefangen hat, und deswegen fühlt sich auch keiner verantwortlich.

Gerüchte basieren auf Vermutungen und nicht auf Tatsachen. Sie schaffen Unruhe, Verunsicherung und tragen zu einer nachhaltigen Verschlechterung des Betriebsklimas bei. So ziehen sich mit der Zeit immer tiefere Gräben durch die Belegschaft und wer im Zentrum der Gerüchte steht, der ist bald isoliert.

Diese Barrieren schaffen nicht nur Hindernisse im zwischenmenschlichen Bereich, sie behindern auch entscheidend die Arbeitsleistung. Wer ständig seinen „guten Ruf" verteidigen muss, der hat weniger Zeit zum Arbeiten. Und wer in der Gerüchteküche kocht, der vergisst gerne einmal, eine wichtige Information weiterzugeben.

Doch auch bei den anderen „Köchen" in der Gerüchteküche macht sich leises Unbehagen breit: nicht etwa wegen des armen „eingekochten" Opfers, sondern es beschleicht sie der vage Verdacht, selbst einmal im Gerüchtetopf zu landen.

Ist das Klima erst dermaßen vergiftet, ist eine offene Atmosphäre schwer wiederherzustellen. Es ist daher wichtig, die ersten Anzeichen zu erkennen und bewusst gegenzusteuern. Es hat wenig Sinn, darauf zu hoffen, dass sich alles von selbst beruhigen wird.

Tipp

Es ist sinnvoller, sich darüber klarzuwerden, wo die Quelle eines Gerüchts liegt. Welche Verhaltensweise, welcher Tatbestand hat dazu geführt? Wer ist federführend? Sammeln Sie handfeste Beweise. Versuchen Sie dann in einem offenen Gespräch zu klären, warum es so weit gekommen ist. Je früher Sie offen über Gerüchte sprechen, desto leichter lassen sie sich widerlegen.

Negativismus und Konjunktivitis

Hinter harmlos klingenden Sätzen verbergen sich unsichtbare Gesprächsbarrieren. Ohne dass es die Gesprächsteilnehmer bewusst wahrnehmen, gerät ein Gespräch in eine falsche Bahn.

Sehr weit verbreitet ist der verbale „Negativismus": Selbst wenn noch gar nicht feststeht, dass eine Nachricht auch wirklich negativ ist, wird sie sicherheitshalber in eine negative Formulierung verpackt.

„Nein, wir haben morgen keinen Termin mehr frei!"

„So geht das nicht, man kann höchstens versuchen …"

„Ich glaube nicht, dass wir das haben."

„Herr Dr. Steiner ist leider nicht zu sprechen!"

Die Endgültigkeit der Verneinung hängt im Raum (oder in der Telefonleitung) wie ein unsichtbares Netz, durch das es kein Durchkommen gibt: Wann ist denn ein Termin frei? Was können wir versuchen? Was haben Sie denn für mich anzubieten? Und wann ist der Herr Dr. Steiner zu sprechen? Wirklich nie wieder?

Denken sie an so manche Texte auf Firmen-Anrufbeantworten: „Derzeit sind alle (!) Leitungen besetzt."

Wirklich alle? Der Anrufer möchte nicht hören, was nicht geht, er ist an Lösungen und Alternativen interessiert (vgl. auch Kap. 7).

Bei jedem „Nein", das wir hören, fällt in unserem Inneren ein unsichtbarer Rollbalken herunter. Es war eines der ersten Worte, dessen Bedeutung uns schon in unserer frühesten Kindheit klar wurde: Hier geht es nicht weiter, hier ist Ende, aus! Wer es trotzdem weiter versucht, der verbrennt sich die Finger, stürzt in den Bach oder fällt vom Stuhl. Solcherart Erlerntes wirkt nachhaltig bis in unsere Erwachsenengespräche nach. Kindliche Trotzreaktionen, Resignation oder Gegenangriff sind die häufigsten Folgen.

Um wie viel einfacher ist es, den gleichen Inhalt in eine positive Formulierung zu verpacken:

„Ja, übermorgen haben wir einen Termin für Sie."

„Wir werden versuchen, …"

„Ich werde überprüfen, was aus unserem Angebot für Sie das Passende ist."

„Herr Dr. Steiner ist ab morgen früh wieder erreichbar."

„Bitte hinterlassen Sie uns eine Nachricht, wir rufen so rasch wie möglich zurück."

Es kommt also ganz auf die Verpackung an. Wir können den gleichen Inhalt auch positiv formuliert verpacken und erreichen damit eindeutig mehr Akzeptanz bei unseren Zuhörern. Dass dieser „Trick" nicht immer funktioniert, ist klar. Manchmal muss ein „Nein" klar ausgesprochen werden, nicht jede negative Tatsache lässt sich umschiffen. Sonst werden wir unglaubwürdig, der andere nimmt uns nicht mehr ernst.

Apropos ernst nehmen: Wer im Gespräch sicher formuliert, dessen Meinung wird gehört und akzeptiert. Wer aber unsicher und zweifelnd auftritt, hat bald seine Glaubwürdigkeit verspielt. Die eigene Unsicherheit wird zum Hindernis für ein gutes Gespräch. Wie äußert sich diese Unsicherheit? Wir formulieren dann im Konjunktiv, wenn wir uns einer Sache nicht so ganz sicher sind:

„Ich hätte da noch etwas anzumerken …"

„Man könnte ja versuchen …"

„Da wäre noch ein Punkt offen …"

Die Unsicherheit des Redners „trieft" geradezu aus diesen Sätzen. Wer meint, der eigene Beitrag zur Besprechung sei nicht relevant, der nimmt die Entschuldigung lieber gleich einmal vorweg:

„Es ist zwar nicht viel, was ich dazu zu sagen habe, …"

„Ich bin kein großer Redner, …"

„Ich weiß nicht, ob das jetzt zum Thema passt, aber …"

Diese „Verkleinerungsversuche" treffen wir in fast jedem unserer Seminare an. Machen Sie sich nicht kleiner, als Sie sind: Stehen Sie zu Ihrer Meinung und legen Sie den anderen nicht schon die Gegenargumente in den Mund: „Wie Sie schon sagten, haben Sie zu dem Thema nicht viel zu sagen!"

Oft wird aus falsch verstandenem Höflichkeitsbedürfnis zum Konjunktiv Zuflucht gesucht:

„Dürfte ich Sie bitten, …"

„Könnte ich Ihnen vielleicht jetzt unser Angebot zeigen?"

„Hätten Sie vielleicht ein wenig Zeit für mich?"

Sind Diese Formulierungen wirklich notwendig? Oder legen Sie dem anderen nicht die Ablehnung gerade in den Mund? Höflichkeit hat nichts mit Unterwürfigkeit zu tun. Vergleichen Sie: Was klingt an folgenden Sätzen unhöflicher?

• •

FORMULIERUNGSVORSCHLÄGE

„Darf ich Sie bitten, …"

„Ich zeige Ihnen jetzt unser Angebot."

„Haben Sie jetzt zehn Minuten Zeit für mich?"

• •

Selbstsicheres Auftreten bedeutet noch lange nicht, die Höflichkeit dem anderen gegenüber außer Acht zu lassen. Es geht vielmehr um eine klare Basis, einen sicheren eigenen Standpunkt, den wir vertreten. So machen wir es dem anderen leichter, mit uns zu kommunizieren: Er erkennt, woran er bei uns ist, wir können klar und präzise miteinander reden, ohne verbale „Scheingefechte" auszutragen, die doch nur häufig zu Missverständnissen führen.

Formulierungen als unsichtbare Mauer

Die folgende Liste enthält eine Reihe weiterer Formulierungen, die ein Gespräch sehr schnell zum „Hürdenlauf" machen. Sie erhebt keinen Anspruch auf Vollständigkeit und ist beliebig fortsetzbar. Wir haben stellvertretend einige herausgegriffen, die es zu vermeiden gilt, unseren Lesern die Begründung dazu angeführt und Vorschläge zur Verbesserung angefügt.

vermeiden	Begründung	besser
„Ehrlich gesagt ..."	Warum sind Sie erst jetzt ehrlich? War bisher alles unehrlich?	Einfach weglassen!
„grundsätzlich", „im Grunde genommen"	Typische Leerfloskeln, die die Objektivität nur vortäuschen.	Ebenfalls streichen!
„gewissermaßen", „in etwa", „irgendwie"	Hier sind Sie wieder in die typische Unsicherheitsfalle getappt. Wer so spricht, scheut die Verantwortung, erweist sich als inkompetent.	Auch hier: Einfach weglassen!
„eigentlich"	So schränken Sie das Gesagte ein, entschuldigen sich, verkleinern die Aussage.	Formulieren Sie bestimmt und eindeutig: „Es ist so." „Tatsache ist ..."
„Sicherlich"	Ganz so sicher ist der Redner nicht, sonst müsste er es nicht gar so betonen!	„Ich bin überzeugt, ..."
„auf jeden Fall", „überhaupt", „unter allen Umständen"	Wer so vehement verstärkt, verdeckt damit nur seine Unsicherheit oder erweist sich als autoritär und intolerant.	Verwenden Sie dagegen sachliche Formulierungen, wie: „Die Erfahrung hat gezeigt, ..."
„ganz einfach", „praktisch"	Ganz so einfach liegen die Dinge hier nicht, und wer „praktisch alles im Griff hat", der hat theoretisch nichts unter Kontrolle!	Verwenden Sie öfter das Wort „konkret", es lenkt hin zur Sachlichkeit im Gespräch.

vermeiden	Begründung	besser
„ausgezeichnet", „groß-artig", „hervorragend"	Solche Übertreibungen wirken selbst-herrlich. Hier ist der typische „Schul-terklopfer" unterwegs, der Detail-probleme gerne einfach vom Tisch fegt.	Einfach weglassen!
„Man sollte"	Nicht nur der Konjunktiv stört hier. Mit man fühlt sich „Mann/Frau" nicht an-gesprochen, die Wahrscheinlichkeit, dass so einer Anregung Taten folgen, ist wohl äußerst gering!	„Wir werden", „Ich werde", „Ich schlage vor ..."
„selbstverständlich", „natürlich"	Solch joviale Zusicherungen schieben den Gesprächspartner weg, signali-sieren ihm, dass seine Einwände nicht so ganz ernst genommen werden. „Aber selbstverständlich haben wir an alles gedacht!"	Ebenfalls einfach weglassen!
„Sie müssen schon Folgendes beachten!", „Sie dürfen nicht ein-fach ...!"	Diese Formulierungen erinnern uns an die „erziehenden" Worte unserer Eltern und Lehrer: „Du darfst nicht ..." „Du musst immer ...!"	„Ich bitte Sie, auf folgende Tatsache zu achten ..." „Bitte beachten Sie ..."
„Warum?"-Fragen	Sie wirken schulmeisterlich, erinnern uns an unsere Kindheit und Schulzeit.	„Weshalb?", „Aus welchem Grund?"

Im Geschäftsalltag begegnen wir vielen typischen „Killerphrasen" und „Leer-floskeln". Viele der folgenden Formulierungen werden besonders am Telefon eingesetzt. Achten Sie in Zukunft auf diese Gesprächskiller und versuchen Sie, sie zu vermeiden! Auch diese Liste erhebt keinerlei Anspruch auf Vollständig-keit.

vermeiden	Begründung	besser
„Der Hr. Doktor ist bei Tisch!"	Vernehme ich diese Botschaft, entsteht vor mei-nem geistigen Auge ein Bild: der Herr Doktor, vor üppig gedecktem Tisch, die große Serviette um den Hals gebunden, das Rotweinglas in der Hand, seinem Gegenüber (sicher einer von meinen Konkurrenten - mich lädt er ja nie zu einem Ge-schäftsessen ein!) mit vollem Mund zuprostend. Wehe, ich höre die gleiche Aussage, wenn ich nach zwei Stunden noch einmal anfrage...	„Herr Dr. X ist in einer Be-sprechung, er ist zwischen 14:00 und 14:30 Uhr wie-der zu sprechen."

vermeiden	Begründung	besser
„So, das war's, mehr hab' ich im Moment nicht."	Diese Formulierung lässt den Rollbalken wie ein Fallbeil herunterrasseln und klemmt dabei auch noch den kaufwilligen Kunden ein. Ob der wohl wiederkommt?	„Wie beurteilen Sie unser Angebot? Was können wir noch für Sie tun?"
„Ich kann Sie nicht verbinden, er ist zurzeit im Haus unterwegs."	Erstens möchte ich keinen Verband und zweitens, was ist das wohl für ein Unternehmen, in dem die Leute, statt zu arbeiten, lieber mit dem Lift spazieren fahren oder bei diversen Kollegen auf einen Tratsch vorbeischauen? Oder hat sich der Arme etwa verirrt?	„Wir rufen gerne zurück, sobald die Besprechung beendet ist."
„Verzeihen Sie, wie war noch gleich Ihr Name?"	Ich verzeihe nicht, ich lebe noch und mein Name lautet noch immer gleich!	„Wie ist Ihr Name, bitte?"
„Das haben wir noch nie so gemacht!"	Der typische Killersatz von Menschen, die Angst vor Veränderung haben, die starr auf ihrem Standpunkt verharren.	„Dieser Vorschlag ist interessant, ich leite ihn gerne weiter."
„Heute ist nur Frau X zu sprechen."	Die arme Frau X – der allerletzte Notnagel! Aber ich als Kunde habe doch Anspruch auf die beste Alternative?! Oder bin ich nicht wichtig genug?	„Ich verbinde mit Frau X, unserer zuständigen Ansprechpartnerin."
„Ich als Fachmann rate Ihnen ..."	Wer schon in der Schule Probleme mit Wichtigtuern und typischen „Oberlehrern" hatte, der wird auch hier sauer reagieren!	„Was meinen Sie zu ...?"
„Da haben wir ein Problem. Ich werde Ihre Beschwerde an die Reklamationsabteilung weiterleiten."	So werden Probleme oft erst rhetorisch erzeugt: Vielleicht war das, was hier zum Problem, zur Beschwerde, zur Reklamation geworden ist, ursprünglich nur eine schlichte Anfrage?	„Ich werde Ihre Anregung, Ihre Frage gerne weiterleiten."
„Das weiß ich nicht, da wurde ich nicht informiert!"	Uninformiert sein und dann auch noch über die Kollegen schimpfen, das wirkt sicher nicht professionell!	„Ich werde mich für Sie erkundigen."
„Wie bitte? Haben Sie etwas gesagt? Ich habe Sie nicht verstanden!"	Der andere hört deutlich zwischen den Worten: „Du redest undeutlich, leise und überhaupt fehlt mir das Verständnis für Dich!" Vielleicht hat er auch gar nicht zugehört?	„Aufgrund der schlechten Verbindung habe ich Sie nicht verstanden.", „Ich habe Sie akustisch nicht verstanden."
„Es tut mir leid, der Chef ist heute sehr im Stress, er ruft Sie sicher bald zurück!"	Tut es ihr/ihm wirklich leid? Dieser Chef, das ist wohl einer von den Wichtigtuern, die ihr „Stress-Image" pflegen! Was versteht der unter „bald"? Wahrscheinlich warte ich da ewig auf einen Rückruf.	„Herr Huber möchte sich die Sache in Ruhe noch einmal für Sie ansehen, er ruft Sie dann morgen früh zwischen 9:00 und 9:30 Uhr zurück!"

Alle „Geht nicht"-, „Ist nicht"-, „Haben wir nicht"-Formulierungen öffnen im Gespräch einen unüberwindlichen Graben. Sie schieben den Gesprächspartner weg, zeigen ihm sozusagen die endgültige und ultimative Stopptafel. Viel besser ist es, dem anderen stattdessen Wege aufzuzeigen, wie es gehen könnte, was man selbst tun wird, welche Initiative sinnvoll ist. Die positive Formulierung lässt Raum zur Initiative, zur möglichen Lösung.

Gerade im Berufsleben ist es für den Gesprächspartner wichtig, konkrete Informationen zu erhalten. Wir wollen nicht wissen, wie etwas nicht geht, wir wollen auch keine vagen Ausflüchte und unklaren Zeitangaben (gleich nachher, schon bald, demnächst, irgendwann nächste Woche …).

Tipp

Achten Sie auf konkrete Aussagen, liefern Sie dem anderen stets klare Fakten. Wenn Sie einen Zeitpunkt nicht so genau voraussagen können, geben Sie eine konkrete Zeitspanne an: „Er wird Sie zwischen 14:00 Uhr und 14:30 Uhr zurückrufen!"

5.3 Kritik als Killer

Wer hört schon gerne, dass seine Nase zu lang, seine Haare zu blond, sein Dialekt zu „gewöhnlich" und sein Auto zu japanisch sei? Was fangen wir mit dieser Art von Kritik an? Sollen wir die Nase operieren, die Haare färben lassen, ab morgen nur mehr französisch sprechen, das Auto verkaufen? Oder doch lieber die Freundschaft zu dem kritischen Zeitgenossen überdenken? Die zweite Variante kommt uns entschieden billiger und ist daher auch die wahrscheinlichere Lösung.

Sie meinen, dieses Beispiel sei überzeichnet, übertrieben? Wie oft begegnet uns unsachliche, unpassende und beleidigende Kritik. Ohne lange darüber nachzudenken, äußern manche Menschen ihre Meinung über andere. Sie sind meist noch stolz, weil sie nicht zu denen gehören, die hinter deren Rücken über andere reden. Es gibt dabei verschiedene Typen von Kritikern:

Der Nörgler: Bei ihm tritt die Kritik in kleinen Dosierungen auf. Er jammert über Kleinigkeiten, die Kritik ist selten offen, meist zwischen den Zeilen versteckt. „Das ist schon wieder schiefgegangen! Findest du nicht, man sollte besser aufpassen beim Telefonieren?" Auf ein klärendes Gespräch reagiert er ausweichend. Er hat ja nur ganz allgemein gejammert!

Der Verallgemeinerer: Er stellt Kritik als allgemeingültige Naturgesetze dar. „Du kommst ständig zu spät! Du denkst immer nur an dich! Du beachtest nie das Rauchverbot!" Solche Pauschalanschuldigungen gehen ins Leere, da der andere dagegen sofort eine Abwehrmauer errichtet. Diese Art von Kritik schafft unfehlbar Barrieren.

Der Übertreiber: Er neigt zu heftigen Gefühlsäußerungen, Kleinigkeiten werden plötzlich zur weltbedrohenden Katastrophe. Er setzt sich gerne in Szene, benötigt eine Bühne oder zumindest weitere Zuhörer für seinen Auftritt. „Es macht mich krank, mit anzusehen, wie Du Dich vom Chef in die Enge treiben lässt! Es ist einfach entsetzlich und unverzeihlich!" Diese Übertreibungen prallen an uns ab, lassen uns kalt. Wir nehmen den Übertreiber nicht ernst, er hat eindeutig über das Ziel hinausgeschossen!

Der Eisberg: Er schweigt über Missstände, schluckt alles in sich hinein und erweckt den Eindruck, an ihm würden die Widrigkeiten der Mitmenschen abprallen wie an einem Eisberg. Nichts und niemand können ihn so schnell aus der Reserve locken. Doch wehe, wenn das Fass einmal überläuft. Meist ist es nur eine Kleinigkeit, die aus dem Eisberg einen Vulkan werden lässt. Er spuckt plötzlich Gift und Galle, auch wenn der Anlass eine so heftige Reaktion nicht rechtfertigt. „Jetzt reicht's mir aber mit Deinem ewigen Zuspätkommen! Kauf' Dir eine größere Uhr, wenn Du die Zeiger nicht mehr erkennst!" Solche Ausbrüche lassen uns oft sprachlos zurück. Was war das denn eben? Der sonst so friedliche Herr Müller wirft mit Beleidigungen um sich? Übertreibt er da nicht etwas? Seine Kritik ist dem Anlass nicht entsprechend, er ist zum „Übertreiber" geworden. Man nimmt ihn nicht so ganz ernst und hofft, er würde sich wieder in sein friedliches „Eisberg-Ich" verwandeln.

Der Revolverheld: Wie in einem billigen Wildwestfilm ballert er mit Kritik nur so um sich. Es ist ihm nicht wichtig, wer getroffen wird, Hauptsache möglichst viele „Leichen" pflastern seinen Weg! „Ihr habt ja alle keine Ahnung, wie man mit schwierigen Kunden umgeht! Ihr seid wie die verängstigten Kaninchen, ohne Mumm in den Knochen!" Er teilt sein Schicksal mit seinem Pendant aus der Filmwelt Hollywoods – er gehört einer aussterbenden Gattung an, wirkt irgendwie gekünstelt und unecht. Die „Leichen", die er zurücklässt, sind meist nur scheintot, schon bald tummeln sie sich munter über die Bühne und nicht selten lachen sie über den einsamen Reiter Richtung Sonnenuntergang.

Die Giftspritze: Ihre Stiche sitzen gezielt an der richtigen Stelle. Mit sicherem Gespür entdeckt sie die Achillesferse, die Stelle, an der Kritik besonders weh tut. Die Kritik ist nie besonders heftig, aber sehr subtil und treffsicher. „Findest du nicht, deine neue Frisur ist etwas zu jugendlich? Damit versteckt man die ersten weißen Haare nicht! Steh' doch zu deinem Alter!" Solche „wohlgemeinten" Ratschläge können leicht in die falsche Kehle geraten. „Soll sie doch lieber auf ihre eigene Frisur schauen", ist die trotzige Reaktion, das Gesprächsklima ist belastet, wir fühlen uns persönlich beleidigt.

Der Oberlehrer: Er weiß grundsätzlich alles besser und spart daher nicht mit Kritik an seiner Umwelt. Kritik ist hier immer mit einer Belehrung verbunden. Er meint es aber nur gut und kann nicht so ganz verstehen, warum seine Unbeliebtheit zunimmt. „Wenn Du auf mich hören würdest, wäre dir das nicht passiert. Ich sage ja immer, Du musst mehr auf die Details achten. Aber, wer nicht hören will, muss eben fühlen!" Der so Angesprochene verdreht höchstwahrscheinlich die Augen zum Himmel und hofft, dass der unliebsame Besserwisser bald weiterzieht und sich ein anderes Opfer sucht.

Zugegeben, es ist nicht leicht, richtig mit Kritik umzugehen. Wir empfinden Kritik meist als negativ, als demütigend. Vor allem dann, wenn sie verallgemeinernd und persönlich verletzend vorgetragen wird. Damit wird Kritik zum Killer, die Chance zur positiven Veränderung zunichte gemacht. So schwer es auch manchmal fällt – versuchen Sie, Kritik als etwas Positives zu sehen, als Chance. Versuchen Sie vor allem, den wahren Kern hinter der Kritik zu erkennen. Oft sind Einwände und Beschuldigungen nur vorgeschoben, es wird um den heißen Brei herumgeredet. Wichtig ist immer die sachliche Klärung, nicht die emotionale Anschuldigung.

Tipp

Kritisieren Sie immer so, wie Sie selbst kritisiert werden möchten.

Vermeiden Sie die typischen „Killer":

→ Verallgemeinerungen: „immer", „nie", „ständig"
→ unangemessene, übertriebene Kritik
→ zeitlich unpassende Kritik
→ Kritik vor Publikum
→ unsachliche, emotionale Argumente

Es ist im persönlichen Gespräch wichtig, bewusst zwischen Sache und Person, zwischen Tatbestand und Emotion zu trennen. Ein einziges unbedachtes Wort kann beim anderen ein Fallgitter herunterfallen lassen und die Bereitschaft zur Verhaltensänderung untergraben.

Kritik gehört immer unter vier Augen vorgebracht. Nichts ist demütigender, als vor Kunden oder Mitarbeitern eine persönliche Kritik einstecken zu müssen. Wäre man sonst vielleicht bereit, über das Gesagte nachzudenken, zwingt diese „Bühnensituation" zur schützenden Abwehr.

Es gibt noch eine andere Art der Kritik: schweigende Missachtung des anderen, sozusagen Kritik durch Übergehen. Auch dieses Verhalten schafft eine Barriere, die vor allem bei Mitarbeitern oder Kollegen erhebliche Unsicherheit bedingt und erst recht keine Verhaltensänderung zur Folge hat.

Auch hier noch einmal die fünf wichtigsten Faktoren für konstruktive Kritik, für Kritik ohne Hürden, für Kritik, die dem anderen die Chance zur Veränderung gibt:

→ Unterstreichen Sie Ihre Kommunikationsbereitschaft durch einen freundlichen Gesichtsausdruck und durch eine offene Körpersprache. Das baut eine Brücke zum anderen, baut Hindernisse ab.
→ Kritik sollte immer beschreibend und nicht bewertend vorgebracht werden. Eine subjektive Bewertung des Tatbestandes drängt den anderen in die Defensive. Er steht der Kritik mit dem Rücken zur Wand gegenüber. Bereiten Sie daher für ein Kritikgespräch sachliche, beschreibende Formu-

lierungen vor, machen Sie sich Notizen und halten Sie Fakten und Zahlen bereit. Je sachlicher Sie dabei vorgehen, desto besser. Vermeiden Sie die „Emotionsfalle".

→ Sprechen Sie in der „Ich-Form", um Anschuldigungen, die wie Pfeile abgeschossen werden, zu vermeiden: „Du tust immer …", „Sie haben schon wieder …" Beschreiben Sie besser, wie sich der Tatbestand aus Ihrer Sicht darstellt. So wird Kritik leichter annehmbar, verliert die Spitze. Vermeiden Sie dabei Vermutungen, Behauptungen und vor allem Belehrungen. Stellen Sie stattdessen Fragen, lassen Sie auch den anderen zu Wort kommen und hören Sie bewusst zu.

→ Ihre Kritik sollte stets lösungsorientiert und nicht schuldzuweisend sein. Beschreiben Sie einerseits Ihr eigenes Gefühl und andererseits das Verhalten des anderen. Erläutern Sie danach die Wirkung bzw. die Konsequenzen aus diesem Verhalten. Vermeiden Sie vorschnelle Urteile. Und sprechen Sie den anderen mit seinem Namen an.

→ Ihre Kritik soll zeitlich passend erfolgen, und zwar am besten unmittelbar nach dem Vorfall, der die Kritik auslöst. Ein Sündenregister, das einmal monatlich vom Abteilungsleiter bei der Mitarbeiterbesprechung vorgetragen wird, ruiniert nur das Betriebsklima und führt eher zur inneren Kündigung als zur Verhaltensänderung.

Wer in der Sache kritisiert, dabei aber die Achtung vor der Person bewahrt, dessen Worte werden nicht so leicht verletzen. Wir spüren genau, ob es dem anderen um eine sachliche, konstruktive Kritik oder um die eigene Profilierung bis hin zur Vernichtung des anderen geht. Sehen Sie Kritik als Chance, Ihre Gesprächskompetenz unter Beweis zu stellen und Barrieren im Gespräch zu überwinden.

Beschwerden als Hindernisse in der Kundenbeziehung

Beschwerden belasten das Verhältnis zum Kunden: Er ist unzufrieden, greift uns und/oder unser Produkt an, zweifelt an unserer Kompetenz, wird vielleicht auch noch ausfallend und beleidigend, stört unsere tägliche Arbeitsroutine – unsere Stimmung sinkt merklich gegen Null, unsere „Kundenorientiertheit" tut sich schwer, die Oberhand zu behalten. Dabei hat der Tag doch so gut angefangen …

Wenn Ihnen diese Situation bekannt vorkommt, stehen Sie nicht alleine da – immer mehr Mitarbeiter werden speziell geschult, um besser mit allen möglichen schwierigen Kundentypen und deren Beschwerden umgehen zu können. Schöne Schlagwörter zum Thema sind schnell gefunden:

„Jede Kundenbeschwerde ist ein Geschenk!"

„Jede Reklamation ist *die* Chance zur Verbesserung der Kundenbindung!"

Was aber, wenn ich das Geschenk im Moment nicht brauchen kann, wenn mir nichts ferner liegt, als ausgerechnet an diesen widerlichen Kunden gebunden zu werden?

Es ist nicht immer leicht, die Grundsätze der perfekten Kundenorientierung zu verinnerlichen. Meist behindern uns Kompetenzprobleme, Zeitmangel oder Angst vor allzu persönlichen Angriffen – außerdem sind uns Unzulänglichkeiten der eigenen Leistung ja selbst sehr unangenehm, oder aber wir fühlen uns zu Unrecht beschuldigt. Wie auch immer der Fall liegt, wir sind keine lächelnden Maschinen, unsere Gefühle spielen uns bei der perfekten Kundenbetreuung oft einen Streich.

Es fällt leichter, eine heikle, unangenehme Situation nicht als Geschenk, sondern als persönliche Herausforderung zu sehen. „Ich will jetzt erst recht meine Professionalität beweisen, von so einem Schwierigen lasse ich mich noch lange nicht aus der Bahn werfen!" So gelingt es uns leichter, richtig zu reagieren.

Wechseln wir einmal den Blickwinkel: Wie erlebt ein Kunde die Beschwerdesituation? Nehmen wir folgendes Beispiel:

Herr Hausmann hat sich vor Jahren eine Waschmaschine gekauft – ein hochwertiges Modell, eine solide Marke. Bisher gab es auch nicht den kleinsten Grund zur Klage, die Maschine hat den Wäscheberg von drei Kleinkindern mühelos beseitigt, war immer treu im Einsatz. Das Image der Marke war also denkbar gut in der Familie Hausmann.

Doch plötzlich passiert das Unerwartete: Die Waschmaschine streikt, Herr und Frau Hausmann stehen verzagt vor einem überfluteten Badezimmer und einer Maschine, die nur mehr halbherzige Rauchsignale von sich gibt. Sofort wird der „Kundendienst" kontaktiert. Überzeugt, sehr rasch Abhilfe zu finden, ist Herr Hausmann aufs höchste erstaunt, Folgendes zu vernehmen: „Also, das kann ich mir nicht vorstellen, das kommt bei uns nie vor! Da haben Sie sicher etwas falsch gemacht!" Keine Rede von sofortiger Abhilfe, Leihgerät, oder zumindest menschlicher Anteilnahme. Ein anderer Fachdienst stellt fest, dass da wohl nichts mehr zu machen ist. Diese Erkenntnis war zwar nicht billig, aber sie bedingt den Kauf einer neuen Waschmaschine, natürlich beim Konkurrenzunternehmen. Als aber schon nach drei Tagen der Schlauch leckt und die Digitalanzeige verrücktspielt, beginnt Familie Hausmann mit dem Schicksal zu hadern. Doch die Dame am Kundentelefon der neuen Firma erweist sich als Engel in der Not: Sie hat echtes Verständnis für die Notlage, schickt sofort einen freundlichen und kompetenten Mitarbeiter vorbei und entschuldigt sich auch noch in aller Form! Kaum ist der Mangel behoben, ruft sie noch einmal an und erkundigt sich, ob auch wirklich alles in Ordnung ist. „Fehler können nun einmal passieren, aber wie die dort damit umgehen, das gibt ein gutes Gefühl, dort kaufen wir jetzt auch noch unseren neuen Geschirrspüler!", erzählt Frau Hausmann ihrer Nachbarin …

Kunden sind nicht von Natur aus bösartig, lästig und beleidigend. Sie haben ein Problem und hoffen, Hilfe zu bekommen. Sie wollen mit ihrem Anliegen ernst genommen werden, hoffen auf Verständnis. Sie erwarten einen Lösungsvorschlag. Hilft ihnen in so einer Situation der Kundendienst, sind sie meist gerne bereit, das Ausgangsproblem zu vergessen. Es ist für die Kundenbindung nicht so entscheidend, *ob* ein Problem auftritt. Viel wichtiger ist es, wie das Unternehmen mit der Situation umgeht. Hier liegt die Chance, hier kann jeder angesprochene Mitarbeiter beweisen, dass Slogans in den Werbebroschüren mehr als nur heiße Luft sind!

Eine unprofessionell behandelte Beschwerde wird zum Hindernis in der Kundenbeziehung und kann aus einem Stammkunden einen unzufriedenen „Querulanten" machen.

Was gilt es zu beachten, im Umgang mit Kundenbeschwerden?

→ Organisieren Sie das Beschwerdemanagement Ihrem Unternehmen so, dass der Kunde auch die Möglichkeit hat, seinen Unmut offen auszusprechen. Erst wenn er Dampf ablassen kann, entschärft sich die für ihn unangenehme Situation und er ist zu einem sachlichen Gespräch bereit. Nehmen Sie daher als professionell agierender Mitarbeiter übertrieben emotionale Äußerungen des Kunden nicht persönlich – er meint nicht Sie als Person, sondern ärgert sich über seinen Zeitverlust, über die Unannehmlichkeiten und über das Missgeschick als solches.

→ Schenken Sie dem verärgerten Kunden Beachtung, senden Sie ihm das „Ich-habe-dich-bemerkt"-Signal. Jeder Kunde – und ganz besonders ein verärgerter Kunde – braucht innerhalb von drei bis fünf Sekunden ein Zeichen von Beachtung, ein „Ich-nehme-Dich-wahr"-Zeichen. Frust und Ärger entstehen meist erst dann, wenn der Kunde das Gefühl bekomme, einfach übergangen zu werden. Wenn der Impuls, vor einem verärgerten Kunden zu flüchten, noch so groß ist, drehen Sie dem Kunden nicht einfach den Rücken zu. Schenken Sie ihm einen kurzen Blickkontakt, ein kurzes Kopfnicken, eine kurze, freundliche Begrüßung – auch dann, wenn Sie gerade mit einem anderen Kunden befasst sind.

→ Vermeiden Sie unklare, unüberschaubare Situationen für den Kunden. Äußerungen wie: „Das weiß ich nicht!", „Da sind Sie bei mir aber ganz falsch! Wenden Sie sich doch an die Haushaltsgeräte-Abteilung im anderen Firmengebäude, die können Ihnen wahrscheinlich weiterhelfen." machen ihn leicht zum schwierigen Fall.

→ Achten Sie auf das Einhalten von versprochenen Rückrufen. Ein Kunde mit einem Reklamationsanliegen hat da eine geringe Toleranz.

→ Entgegnungen und Sätze wie „Das stimmt aber nicht!", „Das sehen Sie falsch!", „Da haben Sie unrecht!", lassen alle Angriffsgeschoße beim Beschwerdeführer in Stellung gehen. Sie bewegen sich damit ausschließlich auf der emotionalen Ebene, und damit auf sehr dünnem Eis. Einen Kunden dann wieder ans sichere Land der Sachlichkeit zu bringen, wird schwer!

→ Unterbrechen Sie den Kunden nicht, lassen Sie ihn sein Anliegen schildern. So fühlt er sich ernst genommen, und mit seiner Beschwerde akzeptiert. Hören Sie ihm in dieser Phase genau zu. Die Zeit, die Sie sich jetzt nehmen, ist gut investiert. Fragen sie bei Unklarheiten noch einmal nach, zeigen Sie, dass Sie wirklich mitdenken. Mit Hilfe von Fragen können Sie ein für den Kunden riesiges Problem in kleinere, lösbare Teilprobleme zerlegen: „Welche Funktion der Maschine ist konkret nicht mehr in Ordnung?"

→ Verwenden Sie gerade im Beschwerdegespräch immer wieder den Namen des Kunden. Er fühlt sich so persönlich angesprochen und wird nicht mehr aus der Anonymität des beleidigten Kunden heraus argumentieren.

→ Entschuldigen Sie sich für Fehler, stehen Sie dazu, das entwaffnet. Aber vermeiden Sie übertriebene Entschuldigungen und Beteuerungen wie „Es tut mir ja so leid!", sie bringen das Gespräch erst recht wieder auf die emotionale Ebene zurück.

→ Geben Sie Ihren Kunden den nötigen Raum – sowohl räumlich als auch zeitlich. Ein Kunde, der sich beschwert, will nicht schnell zwischen Tür und Angel abgefertigt werden. Außerdem kann es für Sie von großem Vorteil sein, einem aufgebrachten Kunden die Bühne zu entziehen. Oder wollen sie, dass alle Umstehenden Zeugen Ihrer Beschwichtigungsversuche werden? Ein Nebenraum, in dem Sie Ihr Gespräch in Ruhe führen können, ist da von großem Vorteil.

Wenn Sie diese Tipps beachten, ist es gar nicht so schwer, aus einem aufgebrachten Kunden wieder einen zufriedenen zu machen. Und jedes Erfolgserlebnis in diese Richtung motiviert zu neuen Höchstleistungen im Sinne von Kundenbindung. Vielleicht wird so eine Beschwerde doch noch zu einem Geschenk?

5.4 Wenn Gespräche ins Stocken geraten

Sie sitzen in einer wichtigen Besprechung. Sie haben sich gut vorbereitet, alle Unterlagen mehrfarbig und übersichtlich vor sich und sind voll Optimismus. Es hat auch alles sehr gut begonnen: Der Leiter der „Gegendelegation" war guter Stimmung, der einleitende Small Talk verlief positiv. Nur gut, dass sie sich gestern noch über seine Hobbys informiert haben, so war der Einstieg mit dem Thema Flugshow vom letzten Wochenende genau richtig. Und der gute Einstieg ins Gespräch ist ja schon der halbe Erfolg, haben Sie ja erst im letzten Rhetorikseminar gelernt. Was sollte da noch schieflaufen?

Doch plötzlich gerät das Gespräch ins Stocken. Einer der „gegnerischen" Gesprächsteilnehmer unterbricht mit unnützen Fragen. Er entlarvt sich als absolut uninformiert und nicht vorbereitet. „Was haben denn die für eine Arbeitsweise in ihrer Firma? Weiß der überhaupt, wo er ist?" Ihr Unmut steigt, die Antworten auf die lästigen Zwischenfragen werden immer knapper. Jetzt beginnt Ihr Hauptkontrahent bereits als abgeklärt betrachtete Punkte neu aufzurollen. Sie haben zunehmend das Gefühl, auf der Stelle zu treten. Was in so einer Situation zu tun ist, hat der schlaue Referent aus dem Rhetorikseminar nicht verraten. Zeitweise lastet unheilvolle Stille über dem Konferenzraum. Dabei hat doch alles so gut begonnen ...

Was ist da passiert? Warum geraten anfänglich gute Gespräche von einem Moment auf den anderen ins Stocken? Woher kommt die plötzliche Kluft zwischen den Gesprächspartnern?

Es gibt viele Gründe, warum Barrieren in einem Gespräch auftreten, obwohl zunächst alles reibungslos lief:

➡ Der gute Gesprächseinstieg hat uns leichtsinnig gemacht. Alles läuft so glatt, da können wir uns getrost innerlich zurücklehnen und die Dinge einfach laufen lassen. Die Konzentration hat nachgelassen. So bemerken wir die ersten Warnzeichen nicht. Wir werden plötzlich aus unserem Dämmerzustand gerissen und stellen erstaunt fest, dass uns die „Gesprächszügel" entglitten sind. Plötzlich sehen wir uns einem Hindernis gegenüber, und es fällt uns schwer, die volle Kraft auf die notwendige Kurskorrektur zu konzentrieren.

➡ Wir haben uns sehr gut vorbereitet – fast schon zu gut! Unser Gesprächskonzept ist so „professionell" gut, dass wir ungern davon abweichen und uns so Bewegungsspielraum nehmen. Wir reagieren dann nicht flexibel genug auf die Veränderungen im Gespräch, gehen nicht auf die Argumente unseres Gegenübers ein. Das Gespräch läuft in die falsche Richtung.

➡ Wer völlig unvorbereitet in eine Besprechung geht, fällt meist durch störende Zwischenfragen auf. Die anderen müssen ihn immer wieder aufklären und informieren. Das ist lästig und unterbricht die Gedankengänge. Die Besprechung will nicht so recht vorankommen. Gelingt es nicht, den lästigen Zwischenrufer ruhigzustellen, kann so ein Einzelverhalten die gesamte Besprechung lähmen.

→ Haben Besprechungen keine klare Zielsetzung, verlaufen sie oft unbefriedigend. Keiner weiß genau, worum es gehen wird, niemand ist richtig vorbereitet, jeder hat einen anderen Informationsstand. Wer das Ganze leitet, ist auch nicht so recht klar. So redet einfach jeder drauf los, es geht weniger um die Sache, sondern nur mehr darum, wer länger redet.

→ Ein einziges falsches Wort kann ein bis dahin sachliches Gespräch plötzlich auf die emotionale Schiene gleiten lassen. Die Fronten verhärten sich, keiner will von seinem Standpunkt abweichen. Die Gegensätze werden immer größer, ein Konsens rückt in weite Ferne.

Was auch immer der Grund dafür ist, dass ein Gespräch ins Stocken gerät – eines haben alle Situationen gemeinsam: Es ist schwer, aus so einer Situation wieder herauszufinden. Gelingt uns nicht von Anfang an eine gute Gesprächskultur, ist es wichtig, die ersten Anzeichen zu erkennen.

Tipp

Je genauer wir zuhören, je besser wir unser Gegenüber beobachten, desto eher erkennen wir diese Anzeichen. Lässt unser Vis-à-vis immer wieder den Blick abschweifen, rutscht es unruhig am Stuhl umher, wandern die Beine immer wieder vor und zurück, befindet es sich innerlich schon auf der Flucht? Wird das Gegenüber nicht rechtzeitig wieder „ins Gespräch zurückgeholt", ist das Gespräch gelaufen.

Nicht nur die Körpersprache des Gegenübers verrät die drohende Gefahr. Auch Formulierungen, wie „Moment, das muss ich mir noch einmal genau anschauen!" oder „Also das sehe ich möglicherweise anders!" deuten auf unsichtbare Hürden hin. Wer den Gesprächsinhalt grundsätzlich hinterfragt, fühlt sich in die Enge getrieben. Es geht ihm dabei nicht um die Klärung von Sachfragen, sondern um Abwehr. Er fühlt sich überfordert und die Gefahr, dass er sich ganz aus dem Gespräch zurückzieht, ist groß.

Ein weiteres Warnzeichen ist der vermehrte Einsatz von emotionalen Äußerungen. Wer sich von der Sachebene weg bewegt, läuft eher Gefahr, sich im Gespräch „einzuigeln". Er wird unzugänglich für logische Argumente und beharrt stur auf seinem Standpunkt.

Sechs Schritte zur „Kurskorrektur"

Es fällt uns leichter, in der Sache nachzugeben, als im persönlichen Bereich. Fühlen wir uns persönlich angegriffen, schalten wir auf stur. Daher ist es wichtig, das Gespräch im **ersten Schritt** wieder auf die sachliche Ebene zu bringen. Nur dort können wir Hindernisse mit logischen Argumenten aus dem Weg räumen. Auf der sachlichen Ebene fühlt sich der andere nicht so angegriffen, er lockert seine Verteidigung.

Der **zweite Schritt** ist die Suche nach einem gemeinsamen Nenner, mag er auch noch so klein sein. Gehen Sie in Ihrer Verhandlungstaktik lieber einen Schritt zurück, um diesen gemeinsamen Nenner zu finden. Lieber ein kleiner Fortschritt als ein großer „Scheinsieg". Von diesem gemeinsamen Punkt aus lässt es sich leichter weiterverhandeln, können alle Beteiligten das Gespräch wieder weiterführen, ohne das Gesicht zu verlieren.

Leiten Sie diese Suche nach dem gemeinsamen Nenner mit Formulierungen wie „Wir waren uns in Punkt X einig ..." ein.

Vermeiden Sie als **dritten Schritt** in so einer schwierigen Phase Behauptungen und Feststellungen. „Also, so ist das nun einmal, das ist eine Tatsache!" – solche Sätze treiben den anderen noch mehr in seine Verteidigungsstellung, machen die Kluft noch unüberwindlicher.

Formulieren Sie: „Wie sehen Sie diese Tatsache?" „Was sagen Sie zu ...?" Damit wird das Gespräch geöffnet, der andere fühlt sich ernst genommen, seine Meinung zählt.

Schroffe Kritik sollten Sie im **vierten Schritt** ebenfalls mit Gegenfragen beantworten. Wird der andere gezwungen, seine Gedanken, seien sie auch noch so kritisch, noch einmal zu formulieren, lässt sich die Kritik entschärfen. Meist ist die zweite Formulierung weniger heftig, weniger schroff. „Habe ich Sie richtig verstanden, Sie meinen ...?"

Versuchen Sie im **fünften Schritt** dem anderen klarzumachen, welchen Nutzen er aus der Fortführung des Gespräches ziehen kann. Es ist sicher nicht in seinem Interesse, kein Gesprächsergebnis zu erzielen. Wenn Sie auch inhaltlich nicht einer Meinung sind, so haben Sie doch hier ein gemeinsames Ziel. Und gemeinsam lassen sich Krisensituationen nun einmal leichter lösen.

Tipp

Setzen Sie sich in der Vorbereitung ein Minimal- und ein Maximalziel. Sie wissen damit immer, was Sie mindestens erreichen sollten. So vermeiden Sie das subjektive Gefühl des Scheiterns. Auch kleine Fortschritte bringen Sie weiter und näher zum Endziel.

Wenn wirklich gar nichts mehr weitergeht, die Fronten endgültig verhärtet sind und nur mehr die Emotionen hochgehen, ist es im **sechsten Schritt** sinnvoll, die Sache erst einmal ruhen zu lassen. Schlagen Sie eine Pause vor oder gleich einen anderen Gesprächstermin, an dem die Besprechung fortgesetzt werden kann. Die Wogen haben sich bis dahin sicher etwas geglättet, jeder hatte Zeit, seinen Standpunkt noch einmal zu überdenken und nach Kompromissvorschlägen zu suchen.

Wenn bei einer Rede plötzlich der rote Faden reißt

„Mir fehlten plötzlich die Worte – alle Augen waren auf mich gerichtet und ich brachte nicht einen einzigen Ton heraus! Mein schönes Konzept war wie weggeblasen, aus meinem Gehirn gelöscht – nichts als bedrückende Stille, in mir und im Saal!"

Wer diese Situation schon einmal erlebt hat, der weiß, wie schrecklich solche „Blackouts" sein können. In Bruchteilen von Sekunden macht sich Weltuntergangsstimmung breit. Warum uns manchmal plötzlich der Faden reißt, ist nicht einfach zu erklären. Das Gehirn ist ein hoch komplexes Ding und funktioniert nicht immer wie eine Präzisionsmaschine. Eine kurze Konzentrationsschwäche, vielleicht ausgelöst durch eine flüchtige Gefühlsregung, genügt oft schon. Jeder Redner, auch der begnadetste, kennt diese Momente!

Doch wie reagieren wir in solchen Augenblicken? Einfach mit hochrotem Kopf die Unterlagen durchwühlen, den Blick hilfesuchend durch den Raum gleiten lassen oder fluchtartig das Rednerpult verlassen, bringt in diesem Moment wenig.

In einer solchen Situation ist es wichtig, zunächst einmal tief durchzuatmen und dadurch die innere Blockade zu lockern. Senken Sie dabei die verkrampften Schultern nach unten und atmen Sie vor allem in den Bauch. So können Sie sich in Sekundenschnelle wieder entspannen. Die kurze Pause, die dabei entsteht, tut meist auch Ihren Zuhörern gut und wird nicht als unangenehm empfunden. Meist findet sich der verlorene Faden dann wie von selbst wieder.

Tipp

Gelingt das nicht, ist es ratsam, einfach das zuletzt Gesagte zu wiederholen. Formulieren Sie den letzten Gedanken noch einmal oder fassen Sie das Wichtigste des bisher Gesagten zusammen.

Auch das kommt dem Zuhörer entgegen, es hilft ihm, das Bisherige besser zu „verdauen". Vielleicht hat er ja gerade die gleiche „Aufnahmesperre"? Vielleicht war Ihr Blackout nur die überfällige „Notbremse" für alle Beteiligten?

Sollte der von allen Rednern gefürchtete Fall eintreten, dass Sie auch das zuletzt Gesagte plötzlich nicht mehr wissen, hilft nur eines: Stellen Sie dem Publikum eine Frage: „Hat jemand von Ihnen zu meinen bisherigen Ausführungen eine Frage? Es erscheint mir wichtig, Unklarheiten jetzt gleich zu klären!"

Fragen aus dem Publikum bringen Sie dann sicher wieder auf die richtige Spur zurück. Sollte das Publikum hartnäckig schweigen, so haben Sie zumindest wertvolle Zeit gewonnen!

Zum Trost aller Redner sei hier erwähnt: Solche „Blackouts" dauern meist nur kurz, das Unheil verzieht sich genauso schnell, wie es gekommen ist.

Kapitel 6

Die Macht der Emotionen

6.1 Aus Gefühlen werden Gedanken

Der Bewerber rutscht unruhig auf seinem Stuhl hin und her. Die Füße wandern vor und zurück. Versuchsweise verschränkt er die Arme, genauso wie der Personalchef, der ihm gegenüber sitzt. Ihm ist irgendwie heiß, die Krawatte ist zu eng und der kleine Fleck auf seinem linken Hosenbein erscheint ihm plötzlich auffällig groß. Warum hat er nur ausgerechnet diesen Anzug angezogen? Der hat ihm noch nie Glück gebracht! Aber wahrscheinlich ist dieses Unternehmen, diese Stelle ohnehin nicht das Richtige für ihn! Die Arbeit ist sicher langweilig, die Kollegen missgünstig und der Chef ein Sklaventreiber …

Wir reagieren auf die versteckten Signale unserer Umwelt besonders in Stresssituationen unbewusst. Die Körpersprache des Gegenübers, die Atmosphäre im Raum, der Sitzplatz, das alles wird nur unbewusst wahrgenommen. Die Reaktion darauf erfolgt zunächst hauptsächlich gefühlsmäßig. Die Gefühlsebene sendet Impulse aus und zwar

→ den Impuls zu flüchten,
→ den Impuls sich zu verteidigen,
→ den Impuls anzugreifen.

Die Reaktion auf diese Impulse erfolgt blitzschnell. Das ist schon seit Menschengedenken eine wichtige Voraussetzung zum Überleben. In gefährlichen Situationen haben wir nicht lange Zeit für Analysen, wir müssen schnell reagieren. Wurden unsere Steinzeit-Vorfahren bedroht, haben sie sich blitzschnell entschieden: Renne ich einfach weg, wehre ich den Angriff mit meiner Keule

129

als Schutz ab, oder schwinge ich diese gleich selbst in Richtung des vermeintlichen Gegners.

Wir reagieren ganz ähnlich, nur ohne sichtbare Keule. Unsere Waffen sind subtiler, verbal oder nonverbal. Wenn Worte auch weniger tödlich sind als Waffen, so sind unsere Spontanreaktionen nicht minder gefährlich.

Und dabei lügen wir uns auch noch selbst in die Tasche. Wir sagen uns nicht etwa: „Ich fühle mich hier nicht wohl. Den Grund erkenne ich im Moment zwar nicht, aber ich vermute, es hängt mit der Atmosphäre in diesem Unternehmen zusammen. Vielleicht ist das Betriebsklima hier wirklich nicht so gut?" Nein, wir sind viel mehr sofort felsenfest überzeugt, die Situation genau zu durchschauen: „So ist es, das sieht doch ein Blinder, das hat mit Gefühlen überhaupt nichts zu tun!"

Wer die für diese Meinung verantwortlichen Gefühle nicht nachvollziehen kann, empfindet solche Gedankengänge als unlogisch.

Immer wieder sprechen Erkenntnisse in der Gehirnforschung vom Einfluss unseres Bauch-Gehirns. Dieses sendet Reize in Form von Neuronen ans Gehirn und beeinflusst so die Gedanken. Es gibt aber interessanterweise keine gegengerichteten Neutronen-Autobahnen, die Reize vom Gehirn in den Bauch senden. Bis hin zum obersten Top-Management werden die meisten Entscheidungen auf Grund von Emotionen im wahrsten Sinne „aus dem Bauch heraus" getroffen.

Gefühle bestimmen unsere Gedanken. Doch das wollen wir uns meist nicht eingestehen. Wir suchen für diese Gefühle nach logischen Erklärungen, finden alle möglichen logischen und auch weniger logischen Argumente, warum unsere Meinung auch objektiv betrachtet richtig ist. Wir versuchen so, unsere subjektiven Emotionen zu objektivieren. Denn offiziell haben so viele Emotionen in unserer von Logik dominierten Welt keinen Platz.

Da liegt eines der Hauptprobleme: Wir lassen die „Auslösergefühle" nicht bewusst zu. Wir verdrängen sie und meinen, immer nur mit dem Verstand zu reagieren. Damit schütten wir sehr gerne das Kind mit dem Bade aus; denn unsere Gefühle führen uns ja nicht immer in die Irre! Vielleicht hat der Bewerber um den Traumjob im Eingangsbeispiel allen Grund, auf seine Gefühle zu hören. Vielleicht tut er wirklich besser daran, seinem Fluchtimpuls zu folgen und es woanders (mit neuem Anzug) zu probieren?

Unsere Intuition, unser erstes Gefühl, ist nicht immer falsch. Wichtig ist jedoch, es als solches zu erkennen und sich bewusst zu machen, wodurch das Gefühl in uns ausgelöst wurde. Warum war mir der andere auf Anhieb so unsympathisch? Lag es an seiner ablehnenden Körpersprache, an dem Dialekt, den ich nicht ausstehen kann, oder an der braunbeige gestreiften Krawatte, die mich an meinen ungeliebten Mathelehrer erinnert?

6.2 Die Spitze des Eisbergs

Als Erstes riss der oberste Knopf des Lieblingshemds ab. Das zweitliebste Hemd war noch nicht gebügelt, also musste irgendeine Alternative her. Beim Frühstück erfuhr er, dass am Abend seine „Lieblingsschwiegermutter" zu Besuch kommen würde. Als dann auch noch sein Auto nicht anspringen wollte, benötigte er schon einiges an innerer Kraft, um Ruhe zu bewahren. Es konnte ja nur mehr besser werden – doch leider weit gefehlt! Schon beim Betreten des Büros eröffnete ihm seine Sekretärin, dass der Bericht für den Vorstand noch nicht fertig sei, da der Kopierer kaputt war. Ein wichtiger Neukunde sagte den Termin ab und ein neuer Mitarbeiter wollte ihn auch noch unbedingt sprechen. Er versuchte tapfer, weiterhin Ruhe zu bewahren. Schließlich war er ja bekannt als „der Mann mit den eisernen Nerven" und saß nicht zuletzt deswegen auf dem Chefsessel. Also lächelte er, und lächelte, bis ihm das Gesicht langsam wehtat. So schaffte er es, den aufgebrachten neuen Mitarbeiter zu beruhigen und auch noch die drohende Kündigung seiner Chefbuchhalterin abzuwenden, indem er ihr erlaubte, jeweils vormittags ihren Hund („Aber bitte schon mit Beißkorb, Frau Huber!") ins Büro mitzubringen. Als dann aber die neue, junge Sekretärin vorsichtig den Kopf in sein Büro steckte, um ihm mit unsicherer Stimme zu verkünden, dass seine Schwiegermutter am Telefon sei, platzte ihm der Kragen: „Hinaus, verdammt noch mal!! Kann man denn in diesem Haus nie in Ruhe arbeiten? Und haben Sie nichts Besseres zu tun, als mit meiner Schwiegermutter zu telefonieren?" schrie er die völlig Entgeisterte an …

Eine fast alltägliche Situation. Wir schleppen die kleineren und größeren „Frusterlebnisse" mit uns umher, bis es uns zu viel wird. Wann dieser Punkt erreicht ist, hängt von der persönlichen Leidensfähigkeit, der Tagesverfassung und vielen anderen Umständen ab. Doch irgendwann platzt jedem einmal der Kragen. Wie bei einem Druckkochtopf muss der überschüssige Dampf entweichen. Das Problem ist nur, wir haben keinen Messanzeiger, der der Außenwelt signalisiert, wann es soweit ist. Der Ausbruch erfolgt oft unerwartet.

Wir wissen ja nicht, was im Verlauf des bisherigen Tages unserem Gesprächspartner schon alles zugestoßen ist, mit welchen Widrigkeiten des Schicksals er schon zu kämpfen hatte. Die kleinen, versteckten Zeichen des drohenden Vulkanausbruches übersehen wir in der Hektik des Alltages. Das verkrampfte, maskenhafte Lächeln deuten wir nicht als letzten Versuch, sich zu beherrschen. Das Zähneknirschen – es entsteht durch das verzweifelte Aufeinanderpressen der Kiefer –, das nur ja den ärgerlichen Wortschwall daran hindern soll, an die Außenwelt zu gelangen, überhören wir. Und so trifft uns Gift und Galle völlig unvorbereitet. „So ein jähzorniger Typ! Was ist denn plötzlich in den gefahren?"

Gerade im Berufsalltag sind solche „Überraschungsausbrüche" besonders häufig. Wir versuchen uns im „offiziellen Leben" viel mehr zu beherrschen als im Privatleben. Ehepartner, Kinder und Schwiegermütter wissen davon ein Lied zu singen. Was man zu Hause einfach so verbal in die Luft schleudert, wäre im Büro eine ungeeignete Argumentationstechnik. Mitarbeiter, Chefs und Kunden sind nicht durch Familienbande an uns gebunden. Eskaliert die Situation zu Hause, gibt es ja noch die Ehe- und Familienberatungsstelle. Wo aber ist die Beratungsstelle für gefährdete Kunden- oder Mitarbeiterbeziehungen?

Unsere Berufswelt ist – wie schon erwähnt – von Logik und Kausalität geprägt. Zumindest müssen wir diesen Schein stets wahren. Auch wenn es in uns noch so brodelt und gärt, nach außen sind wir ganz verbindlich, professionell und vernünftig. Nur ja keine Gefühle durchblitzen lassen, schon gar nicht negative! Das wäre ein eindeutiges Zeichen von Schwäche, würde uns angreifbar machen. Lieber alles hinunterschlucken, verdrängen oder notfalls daheim abladen.

Und so zeigen wir unseren Geschäftspartnern gern unsere kühle Fassade, agieren logisch und scheinbar ausschließlich „gehirndominiert". Doch unter der sichtbaren Wasseroberfläche braut sich etwas zusammen. Wie bei dem berühmten Eisberg zeigt sich nur die Spitze, nur unsere „Verstandesseite". Die riesige Macht der Gefühle lauert unsichtbar unter der „Wasseroberfläche".

Dieses Verdrängen negativer Gefühle ist nicht nur für die anderen bedrohlich. Die eigentliche Gefahr lauert in unserem Körper. Der Verdrängungsmechanismus führt zu Stress, der uns belastet. Können wir diesen Stress nicht abbauen – zum Beispiel durch ausreichend Bewegung –, macht er uns schnell krank. Bei der tagtäglichen Anstrengung, unseren emotionalen Stress zu unterdrücken und Ausbrüche zu verhindern, verspannt sich die Muskulatur. Das führt zu Schmerzzuständen, etwa im Rücken oder im Kopf. Schlaflosigkeit und Konzentrationsprobleme sind weitere Folgen. Nicht selten folgen ernsthaftere Erkrankungen. Und alles nur, weil wir krampfhaft versuchen, den „coolen" Schein zu wahren! Ein hoher Preis, wie wir meinen …

Was aber tun gegen diese „Übermacht" an Gefühlen? Sie einfach sofort ausleben? Dem Chef beim ersten Anlass ungeschminkt die Meinung sagen? Dem lästigen Kunden die Türe ins Gesicht knallen? Oder einen großen Sandsack ins Büro hängen, der notfalls als „Ersatzopfer" alles einstecken muss?

Wichtig erscheint uns in erster Linie, bewusster mit den eigenen Gefühlen umzugehen. Wenn wir erkennen, was uns so frustriert, und uns auch noch die Zeit nehmen, zu ergründen, warum das so ist, können wir unsere Gefühle besser in den Griff bekommen.

Unser modernes Gesellschaftsgefüge zwingt uns dazu, auch mit unliebsamen Menschen und Situationen zurechtzukommen. Versuchen wir nicht, immer nur logische Erklärungen dafür zu finden, warum wir diesen oder jenen Menschen nicht mögen.

● **Tipp**

Gefühle lassen sich leichter in den Griff bekommen, wenn wir sie als das erkennen, was sie sind – spontane, emotionale und subjektive Empfindungen – und keine logischen, objektiven Tatbestände.

● ●

Achten Sie auch bei Ihren Mitmenschen auf die versteckten Anzeichen von unterdrückten, verleugneten Gefühlen. Nehmen Sie vor allem plötzliche, scheinbar unbegründete Gefühlsausbrüche nicht persönlich. Sie waren das nächste „Opfer" in seiner Schusslinie, ausgesucht mach dem Zufallsprinzip. Wenn Sie die menschliche Größe aufbringen, gelassen und sachlich zu bleiben, wird es dem anderen sicher bald leidtun. Wenn Sie Verständnis bekunden, ihm auf der emotionalen Ebene entgegenkommen, kann aus so einer Situation durchaus eine in Zukunft sehr positive Situation entstehen.

Wie glauben Sie, geht die eingangs geschilderte Situation weiter?

A) Die junge Sekretärin zieht verängstigt den Kopf ein, murmelt eine unverständliche Entschuldigung und flüchtet Hals über Kopf aus dem Chefbüro. So hat sie sich ihren neuen Job nicht vorgestellt – und dabei hat der Chef beim Einstellungsgespräch so nett gewirkt! Sie läuft auf die Toilette, wo sie ihren Tränen freien Lauf lässt. „Vielleicht hat mein Vater doch recht, wenn er immer sagt, ich sei zu unkonzentriert bei der Arbeit! Sicher ist der Chef nicht mit mir zufrieden, ist ja auch kein Wunder, wo er doch diese tolle Chefsekretärin hat!" Unglücklich betrachtet sie ihr verheultes Gesicht im Spiegel. Die Schwiegermutter am Telefon ist längst vergessen …

B) Die junge Sekretärin verlässt kopfschüttelnd das Büro ihres Chefs. „Also, so etwas ist mir noch nie passiert! Hab' ich denn das notwendig, mich so anfauchen zu lassen? Was kann denn ich dafür, dass der seine Schwiegermutter nicht leiden kann!" So und ähnlich schimpft sie vor sich hin und das ganze Büro hört ihr zu. Einige nicken verständnisvoll, andere denken sich: „Na, die wird sich auch noch an die Härten des Büroalltags gewöhnen! Die Launen des Vorgesetzten ertragen gehört da einfach dazu! Dabei haben wir ja eh noch Glück mit unserem Chef, die sollte mal den Leiter der Marketingabteilung kennenlernen!" Unsere Jungsekretärin aber steigert sich so richtig in ihr Leid ob der erlittenen Ungerechtigkeit hinein. Kaum noch kann sie sich auf die Tagesaufgaben konzentrieren und jede Anweisung des Chefs wird in Zukunft argwöhnisch hinterfragt. Selbst als er sich wegen seines Ausbruchs entschuldigt, sieht sie darin nur ein Eingeständnis seiner Unfähigkeit. Schließlich kündigt sie nach einiger Zeit, auf der Suche nach einem besseren Chef …

C) Die sprachlose junge Dame verlässt ratlos das Büro ihres Chefs. Irgendwie schafft sie es noch, der verärgerten Schwiegermutter am Telefon mitzuteilen, dass ihr Schwiegersohn in einer Besprechung und daher nicht zu erreichen sei. Ihre Verstörung fällt der älteren Kollegin auf, sie geht mit ihr Mittag essen und lässt sich den unliebsamen Vorfall erzählen. „Ich weiß überhaupt nicht, was ich davon halten soll! Was habe ich denn falsch gemacht?" „Ach, nimm das ja nicht zu tragisch! Unser Chef ist eben auch nur ein Mensch! Wie ich ihn kenne, tut es ihm eh schon leid, dass er dich so angefaucht hat. Seine Schwiegermutter ist aber auch wirklich eine komische Person. Stell' dir vor, neulich hat sie doch glatt die Vorstandssitzung unterbrochen, weil es sich angeblich um einen akuten Notfall handelte. Dabei war nur ihr Kanarienvogel ins Aquarium gefallen und er kann nicht schwimmen, der Arme!" Beide lachten und der jungen Sekretärin war eindeutig leichter ums Herz. Als sich der Chef auch noch bei ihr entschuldigte und sie ihm mit einem „Ach, ist schon längst vergessen, ich weiß ja, dass Sie mich nicht persönlich beleidigen wollten!" antwortet, kommt sie sich schon sehr professionell vor. „Hier will ich Karriere machen", denkt sie zufrieden ...

6.3 Machtspiele ohne Spielregeln

Diese junge Dame hat es ja noch gut, werden Sie sagen: Ihr Chef entschuldigt sich wenigstens, wenn er einen Fehler macht. Bei vielen Vorgesetzten gehört es einfach dazu, dass ihre „Sklaven" alle Launen ertragen. Manch ein Chef hätte tatsächlich der armen Sekretärin die Schuld gegeben und den Vorfall zum Anlass genommen, über junge Sekretärinnen und unfähige Mitarbeiter ganz allgemein herzuziehen. Wo steht denn geschrieben, dass es nicht zu den Vorrechten eines Chefs gehört, seine Wut nicht hinunterschlucken zu müssen?

Doch so einfach haben es auch Chefs nicht: Es gibt gesellschaftliche Spielregeln, die festlegen, wie wir uns zu verhalten haben. Wer ständig dagegen verstößt, der verliert die Achtung und die Anerkennung der anderen. Aber auch Vorgesetzte brauchen Anerkennung. Wer von seinen Mitarbeitern nicht mehr geachtet ist, hat es schwerer, seinen Machtanspruch weiter zu wahren. Die Zeiten uneingeschränkter Machtausübung sind endgültig vorbei. Die richtige Mitarbeiterführung gehört heute zu einer der wesentlichsten Managementfähigkeiten. Despoten haben ausgedient.

Oder doch noch nicht so ganz? Gibt es sie noch vereinzelt in den Chefetagen? Haben sie sich vielleicht nur etwas getarnt mit einem Schuss „kooperativem Führungsstil"? Die Methoden der Machtausübung sind vielfältig, variantenreich und nicht sofort als solche erkennbar. Sie treten versteckt auf und sind daher umso gefährlicher. Ehe es ein Mitarbeiter merkt, ist er schon in der Falle: Der Chef hat ihn genau da, wo er ihn haben will, ohne Widerspruch und Gegenwehr. Diese subtile Form des Despotismus funktioniert viel effektiver – Spielregeln dafür sind nicht in Sicht!

Wie werden nun diese Machtspiele sichtbar? Welcher subtiler Mittel und versteckten Signale bedienen sich die „neuen Despoten"?

Machtmittel Chefbüro

Nirgends sonst ist die Macht des Chefs so spürbar wie im Zentrum dieser Macht, in seinem Büro. Es ist sein Reich, sein ureigenstes Territorium. Die Szenerie ist nicht selten sehr imposant: Ein riesiger, meist leerer Schreibtisch – in edlem Holz gehalten – mit einem nicht minder beeindruckenden „Chefthron" in schwarzem Leder dahinter beherrschen die Szenerie. Dazu ein Besprechungstisch vom Edeldesigner, ein paar Werke zeitgenössischer Kunst an den Wänden und eine beeindruckende Panoramasicht hinter der Glasfront.

Das einzig Bescheidene in diesem Büro ist der Besucherstuhl: klein, niedrig und ohne Armlehne. Genau da landet der Mitarbeiter. Da hilft auch der joviale Ton des Chefs wenig, die Karten sind ungleich verteilt. Wer in so einer Situation bestehen will, braucht nicht nur viel Selbstvertrauen und gute Argumente, der braucht vor allem eine große Portion Gelassenheit. Entscheidende Siege sind bei so ungleichen Positionen für den Mitarbeiter kaum zu erlangen.

Machtmittel Körpersprache

Der sichere Rückhalt von Macht und Einfluss spiegelt sich nicht nur in der Umgebung – auch die Körpersprache lässt keine Zweifel aufkommen, wer hier der Boss ist. Jede Bewegung drückt überlegene Stärke aus. Unbewusst weiß das Gegenüber genau, was diese „Machtgesten" fordern: Anerkennung der Macht, Unterwerfung.

Da ist zunächst der hocherhobene Kopf. Wie schon im ersten Kapitel erwähnt, zählt der Hals zu unseren beweglichsten aber auch verletzlichsten Körperteilen. Ein Biss in den Hals ist bei Tieren meist tödlich. Man fürchtet den anderen nicht, man traut ihm erst gar nicht zu, einen tödlichen Biss zu wagen. Geht der Kopf dabei auch noch immer wieder leicht nach vorne bzw. nach oben, ist diese provokante Geste des Chefs der eines Kampfhahns nicht unähnlich.

Mit den Händen demonstriert der überlegene Chef, dass er in jeder Situation alles fest im Griff hat. Die Handflächen sind nach unten gerichtet – es soll da ja nichts „aufkommen", die Unterdrückung wird angedeutet. Die Gesten sind ruhig und doch raumgreifend. Hektische und fahrige Bewegungen verraten Unsicherheit, doch das Gegenteil ist hier der Fall. Die Bewegungen sind statisch, man fühlt die Kraft dahinter. Oft wandern die Fingerspitzen gegeneinander – ein Zeichen von „Auf den Punkt bringen", von geistiger Dominanz. Wer die Fakten so im Griff hat, der argumentiert zielsicher, der hat den Überblick. Richten sich die aneinandergelegten Fingerspitzen nach vorn, duldet der Chef absolut keinen Widerspruch, wie mit einem „Eisbrecher" will er seine Meinung durchgesetzt wissen.

Ist der Mitarbeiter gerade dabei, seine Meinung kundzutun, hört ihm der Chef mit verschlossener Miene zu. Das anfängliche „Strahlerlächeln für Mitarbeiter" ist kaum mehr auszunehmen. Doch plötzlich geht unmerklich eine Augenbraue hoch. Der Blick wird dadurch zweifelnd, er drückt aus: „Also, lieber Mitarbeiter, so einfach wie du dir das aus deiner Sichtweise von da unten vorstellst, ist das nicht!"

Hebt der Chef beide Augenbrauen an und zieht dabei unmerklich den Mund etwas zusammen, nimmt er das Gesagte nicht sehr ernst. Das mitleidige Lächeln verkneift er sich, aber es wird doch ziemlich deutlich, was er von der Mitarbeitermeinung hält.

Manchmal zucken die Mundwinkel unmerklich nach unten. Ein eindeutiges Zeichen von Missfallen. Es ist an der Zeit, das Gespräch zu beenden. Aus Mitleid wird zunehmend Ärger über diesen lästigen Zeitdieb. Der Ärmste merkt die drohenden Anzeichen nicht, da er sich gerade so richtig in Form geredet hat. Die anfängliche Scheu ist überwunden, endlich kommt auch er zum Reden. So merkt er nicht, wie er sich offenen Auges ins Verderben redet. Was immer er auch sagt, seine Zeit ist abgelaufen.

Viele unserer Seminarteilnehmer klagen über eine Haltung ihres Chefs, die sie extrem aus der Fassung bringt. Bei internen Besprechungen sitzt er gerne mit weit vorgestreckten Beinen, nach hinten gelehntem Oberkörper und hinter dem Kopf verschränkten Armen. Auf den ersten Blick wirkt seine Haltung total entspannt, lässig und jovial. Doch auf den zweiten Blick drückt sie Überheblichkeit, Langeweile und übertriebene Selbstsicherheit aus. Er beweist allen im Raum, dass er sie nicht als gleichwertige und daher als nicht gefährliche Gegner einstuft.

Tipp

Die wirksamste Waffe gegen eine derart offen zur Schau gestellte Überheblichkeit ist der sogenannte „Krawatten-Blick": Schauen Sie demjenigen ein paar Sekunden lang intensiv auf einen Punkt im oberen Krawattenbereich. Das verunsichert, („Habe ich da einen Fleck?") – er wird mit der Hand kurz über diese Stelle streichen und seine Position in der Folge verändern.

Machtmittel Gesprächsführung

Schon der Termin, den der Chef für so eine Besprechung wählt, spricht Bände. Es ist Freitag, 17:00 Uhr – für den Chef noch mitten in der Woche. Der Mitarbeiter hat aber bereits seit zwei Stunden Wochenende, da seine Dienstzeit am Freitag offiziell um 15:00 Uhr endet. „Also, Herr Kollege, das müssen wir noch rasch erledigen. Da wollen wir mal nicht so kleinlich sein – wissen Sie, ich sitze heute sicher noch bis 22:00 Uhr hier im Büro!", ist der einzige Kommentar dazu.

Dieses Chef-Verhalten – ebenso wie die typischen „Zwischen Tür und Angel"-Gespräche – beweisen dem Mitarbeiter seinen Stellenwert: Ich bin ihm nicht mehr Zeit wert, oder ich bin einfach zu unwichtig, um überhaupt ins „Allerheiligste", das Chefbüro, hineingelassen zu werden. Schnell abgefertigt und geistig abgehakt!

Das Gespräch selbst wird dann immer wieder von Kurzmonologen des Chefs unterbrochen. Er weiß ja schließlich, was der andere sagen wird, und hat immer auch gleich die richtige Belehrung zur Hand. Zielsicher erkennt er die Schwachstellen des anderen und scheut auch nicht, immer wieder darauf hinzuweisen.

Gelegentlich besinnt er sich auf den guten Rat, seinen Mitarbeiter doch einfach mal reden zu lassen. Das löst ja angeblich viele Probleme von selbst, so wie an einer Klagemauer will er ja nur seine Sorgen loswerden. Dazu ist man ja für seine Leute da! Also hört er zu – oder tut zumindest so. Dieses „Pseudo-Zuhören" zeigt sich durch gelegentliches Kopfnicken, wobei der Blick immer wieder abwandert. Die Hand beginnt ebenfalls unruhig zu werden, der Kugelschreiber klopft auf die Tischplatte. Das immer wieder eingestreute „Aha", „Mhm!" oder „Was Sie nicht sagen!" klingt wie vom Tonband. Den Mitarbeiter beschleicht das Gefühl, seine Worte dringen nicht einmal in die Nähe des Chefohres.

Ein solcherart vorgetäuschtes Zuhören und Verständnis schafft eine der größten Gesprächsbarrieren überhaupt (vgl. dazu auch Kap. 5.2). Diese unsichtbare Wand weist nicht die kleinste Lücke auf, durch die die Worte des Mitarbeiters dringen könnten. Kapitulation ist angesagt!

Oft verwenden Gesprächspartner auch Pauschalformulierungen:

„Also, das ist ja recht schön und gut, aber …"

„So einfach ist die Sache leider nicht."

„Wissen Sie, diese Argumente höre ich ständig. Und ich antworte immer gleich: …"

„Also, ich bin jetzt seit zehn Jahren Chef hier im Haus! Aber mit so einer Bitte bin ich noch nie konfrontiert worden …!"

Mit diesen Killerphrasen wird dem Mitarbeiter die verbale Pistole an die Brust gedrückt. „Wage es ja nicht, dich weiter mit mir anzulegen. So ist es, so war es und so wird es immer sein!" Gespräche, die in diese Richtung laufen, sind sinnlos, führen zu keinem Ergebnis – außer einem weiteren Frustgefühl beim Mitarbeiter. Die Motivation, die vom Chef so lauthals bekundete „Politik der offenen Tür" wieder einmal zu testen, wird in Zukunft gering sein.

Machtmittel Lob

In jedem Mitarbeiterführungs-Seminar kann man hören, wie wichtig Lob für Mitarbeiter ist. Also nimmt der Chef das Gespräch gleich zum Anlass, ein bisschen Lob einzustreuen.

„Das ist ja sehr interessant, was Sie sagen ..."

„Wissen Sie, ich freue mich, wenn meine Leute so mitdenken ..."

„Also, Sie sind ja jetzt schon lange bei uns, jeder schätzt Sie, Sie kennen sich bei uns aus ..."

„Jawohl, wir brauchen motivierte Mitarbeiter wie Sie, Leute, die noch wissen, was arbeiten heißt ..."

Warum werden wir das Gefühl nicht los, dass da gleich ein „Aber" kommt? Dass er diese Sätze zu jedem sagt, der auf diesem Stuhl Platz nimmt? Dass er es nicht so meint?

Für Lob gilt Ähnliches wie für Kritik. Erfolgt es pauschal, in Allgemeinplätzen formuliert, wird es unglaubwürdig. Diese Art von Lob beweist mangelnde Wertschätzung für den anderen, signalisiert ihm: „Etwas Konkretes, das ich jetzt an dir loben könnte, fällt mir nicht ein. Also sage ich einfach irgendwas Nettes, das passt dann schon!"

Sehr oft erfolgt Lob bei „Bedarf". Der Vorgesetzte setzt es taktisch ein, frei nach dem Motto: Zuerst etwas Positives sagen, dann schluckt er die Kritik leichter. Lob als Kritikverpackung bewirkt genau das Gegenteil. Es erzeugt Abwehr und Trotz.

Ein herablassendes Lob wie „Das ist ja recht ordentlich, was Sie da tun" demonstriert dem Mitarbeiter die Aussichtslosigkeit seiner Lage. Mit ein bisschen Schulterklopfen speist mich der Chef ab – eigentlich meint er ja etwas ganz anderes: Meine Leistung ist nur recht ordentlich, mehr auch nicht.

Ein Lob sollte immer eine konkrete Eigenschaft oder Leistung des anderen hervorheben. Er muss erkennen, dass er – und nur er – damit gemeint ist. Dass der andere ihn wirklich wahrgenommen hat. Dass er echtes Interesse hat. Lob und Kritik sollten nie vermischt und verbunden werden. Beides hebt sich gegenseitig auf, weder das eine noch das andere wird angenommen. Schon in der Schule haben wir gelernt, dass + und – Null ergibt.

Machtmittel Anrede

Die Art und Weise der Anrede sagt viel über das jeweilige Verhältnis zueinander aus. Da wäre zunächst die joviale Variante:

„Herr Kollege!"

„Lieber Freund!"

So redet der typische Schulterklopfer seine Mitarbeiter an. Er stellt ihn auf eine gleiche Stufe mit sich selbst, um ihm gleich im nächsten Atemzug zu beweisen, dass er doch meilenweit davon entfernt ist. Das wirkt herablassend, fast verspottend. Ich bekomme als Mitarbeiter das Gefühl, wie ein unmündiges Kind behandelt zu werden.

Anders die übertrieben freundliche Anrede:

„Mein lieber Herr Meier!"

„Lieber, hochgeschätzter Kollege!"

„Werter Herr Kollege!"

Soviel Hochachtung macht misstrauisch. Da will mich einer in Sicherheit wiegen, das dicke Ende kommt noch. Bei dieser Form der Anrede wappnen wir uns innerlich gegen den „getarnten" Angriff. Wir ziehen den Kopf unmerklich ein und rechnen mit dem Schlimmsten.

„Das ist schön, dass Sie zu mir kommen, Herr … ähm …!"

Nichts trifft uns mehr, als in unserer Persönlichkeit übersehen zu werden. Unsere Persönlichkeit drückt sich nun einmal sehr deutlich in unserem Namen aus. Weiß der Chef nicht einmal meinen Namen, ist er entweder selbst erst den ersten Tag bei der Firma oder er registriert seine Mitarbeiter nicht als

Menschen, sondern als Maschinen. Vielleicht weiß er ja meine Dienstnummer (vgl. dazu auch Kap. 5.1)?

So, jetzt haben wir genug über widerliche Chefs gelästert, deren einziges Interesse es ist, ihren Mitarbeitern ihre Macht zu demonstrieren. Gott sei Dank gibt es auch andere Chefs. Viele Vorgesetzte wissen, dass ihre Mitarbeiter ihr wichtigstes Kapital sind, und behandeln sie auch dementsprechend.

6.4 Unterschiedliche Wahrnehmung

Wenn drei Menschen den gleichen Vortrag besuchen, heißt das noch lange nicht, dass sie auch mit den gleichen Erkenntnissen den Vortragssaal wieder verlassen.

Der Erste lauscht gespannt auf die Worte des Vortragenden. Er schließt manchmal sogar die Augen oder starrt auf einen Punkt ins Leere. Die kunstvoll gestalteten Folien beachtet er wenig. Vielmehr lauscht er den Erklärungen des Mannes auf der Rednerbühne. An der anschließenden Diskussion beteiligt er sich ebenfalls. „Habe ich Sie richtig verstanden, sehen Sie die Problemlösung wie folgt …?" Noch im Hinausgehen bespricht er das soeben Gehörte mit seinem Sitznachbarn. Die schriftliche Vortragsunterlage steckt er achtlos ein.

Der Zweite hört ebenso gespannt zu. Er verfolgt alles anhand seiner Vortragsunterlage mit. Die Folien beeindrucken ihn besonders, er ergänzt sie mit seinen Notizen. Manchmal irritiert ihn die auffällige Erscheinung des Vortragenden: Dieser ist groß, sportlich, braungebrannt und in einen schicken Maßanzug gehüllt. Doch die Krawatte passt mit ihrem „schreienden Lila" so gar nicht zum Dunkelblau des Anzuges. Andererseits passt sie sehr gut zum Blumenschmuck auf dem Rednerpult – lila Tulpen! Ob er das wohl im Vorhinein abgestimmt hat?, überlegt unser Ästhet im Publikum. Sich auf das Gesagte zu konzentrieren, fällt ihm hingegen ziemlich schwer. Macht nichts, er hat ja die schriftliche Unterlage, und die ist recht ausführlich, das hat er mit einem Blick festgestellt.

Der Dritte im Bunde hat sich gleich ganz vorne hingesetzt. Er braucht einfach das Gefühl, mitten im Geschehen zu sein. Gespannt verfolgt er alle

Bewegungen des Vortragenden. Der ist ein Meister seines Faches, seine Körpersprache ist perfekt: immer dem Publikum zugewandt, dynamisch und sicher. Die Worte seines Vortrages unterstreicht er mit den entsprechenden Handbewegungen. Der Zuhörer geht richtig mit, sogar so weit, dass er unruhig auf seinem Stuhl herumzurutschen beginnt. Er blättert in den Unterlagen, um den Anschluss an den Inhalt wieder zu finden. Gelegentlich notiert er das dazu, was ihm besonders wichtig erscheint. Nur eines stört: Die Krawatte des Vortragenden sitzt eindeutig schief! Der Redner hat nämlich die Angewohnheit, sich immer wieder an die Krawatte zu fassen, was deren Position nur noch mehr ins Abseits rückt. „Gleich wird sich der Knopf lösen, und er steht ohne da", denkt sich der Zuhörer und fasst sich sicherheitshalber an den eigenen Krawattenknopf. Dass er dabei etwas verpasst, stört ihn wenig, er fragt einfach in der anschließenden Diskussion noch einmal nach!

Beim anschließenden Buffet treffen die drei aufeinander.

„Ein sehr interessanter Vortrag – trefflich formuliert! Man konnte genau heraushören, wie beschlagen der Mann ist! Gelegentlich hätte er ruhig etwas lauter sprechen können", stellt der Erste fest.

„Optisch eine recht interessante Erscheinung, ja! Man sieht auf den ersten Blick, wenn einer kompetent ist. Hat auch sehr gut lesbare Unterlagen ausgeteilt. Nur lila Krawatten könnte er sein lassen!", meint der Zweite.

„Also, ich fand den Vortrag total mitreißend. Man konnte sich richtig hineinfühlen in die Sache! Aber soweit ich das begriffen habe, ist er sich seiner Sache nicht ganz so sicher – sonst hätte er seine arme Krawatte nicht so gemartert!", äußert sich der Dritte und gestikuliert dabei heftig mit seinem Sektglas herum. Die andern beiden blicken ihn erstaunt und leicht verständnislos an …

Was wird an diesem Gespräch deutlich? Sprechen die drei dieselbe Sprache? Oder waren sie etwa in verschiedenen Vortragssälen?

Die menschliche Wahrnehmung erfolgt sehr selektiv. Der Erste nimmt vor allem die akustischen Signale wahr, er ist eindeutig **auditiv** geprägt. Er konzentriert sich hauptsächlich auf den Klang, verlässt sich ganz auf seine Ohren. Will er sich besonders konzentrieren, schließt er die Augen. In seiner Sprachweise verwendet er eher „auditive" Formulierungen:

„Da höre ich heraus …"

„Man muss auf die Zwischentöne achten …"

„Das klingt eindeutig nach …" etc.

Ganz anders der zweite, der **visuelle** Typ. Er nimmt seine Umwelt vor allem mit den Augen wahr. Alle optischen Erscheinungen prägen sich bei ihm ein. Er merkt sich Fakten leichter, wenn er sie niedergeschrieben sieht. Meist weiß er im Nachhinein genau, ob ein Detail auf einer Seite rechts oder links, oben oder unten steht. Berichtet er über eine Sache, verwendet er Ausdrücke wie:

„Das war auf den ersten Blick zu sehen …"

„Aus meinem Blickwinkel betrachtet …"

„Man muss ins Auge fassen, …"

„Zwischen den Zeilen war zu lesen, …"

Der Dritte im Bunde ist eindeutig der **„kinästhetische** Typ": Er muss die Dinge begreifen, bei ihm gehört Hören, Sehen und aktives Tun zusammen. Will er einen Gegenstand kaufen, kann er nicht nur den Lobpreisungen der Verkäuferin lauschen, er muss die Ware unbedingt angreifen, er muss alles erfühlen. Ruhig zu sitzen und zuzuhören ist seine Sache nicht. Aktion heißt sein Schlagwort. Er verwendet häufig folgende Formulierungen:

„Da konnte ich deutlich spüren, …"

„Ich wurde das Gefühl nicht los, …"

„Ich begreife das nicht, …"

„Ich bekomme es einfach nicht in den Griff!"

Unweigerlich entstehen aus diesen unterschiedlichen Wahrnehmungs-formen auch Probleme in der gegenseitigen Verständigung. Befinden sich drei Gesprächspartner auf so unterschiedlichen Ebenen, wird es ihnen schwerfallen, die schon erwähnte gleiche Wellenlänge zu finden. Sie reden permanent aneinander vorbei, befinden sich in völlig verschiedenen geistigen und emotionalen Welten.

In der Realität sind die meisten Menschen in ihrer Wahrnehmung Misch-typen, haben mehrere Elemente in sich vereint. Doch meist überwiegt eine Wahrnehmungsform.

Hören Sie daher genau hin, welche „Wahrnehmungs-Formulierungen" Ihr Gesprächspartner verwendet. Daran können Sie erkennen, um welchen Typ es sich handelt. „Übersetzen" Sie dann dementsprechend in die „Sprache" des anderen, zum Beispiel in eine bildhafte Sprache für den visuell geprägten Wahrnehmungstypen.

Wer feinfühlig auf sein Gegenüber reagiert, kann ihm entgegenkommen und „Wahrnehmungsbarrieren" überwinden.

Kommunikation auf allen Kanälen

7.1 Wunderbare neue Welt der Kommunikation

Der Wunsch der Menschen, sich auch über weite Distanzen hinweg miteinander zu verständigen, ist nicht neu. Die Idee, niedergeschriebene Nachrichten weiterzuleiten, entstand fast parallel zur Erfindung von „tragbaren" Schreibunterlagen – logisch, denn die Felswände der Höhlenbewohner eigneten sich nicht gut für den Posttransport! Rauchzeichen und Freudenfeuer, Buschtrommeln und Flaschenpost funktionierten unabhängig von der Post als institutionelle Vermittlerin. Auch die Indianer benötigten keine Telefongesellschaft, um das Herannahen von Feinden festzustellen. Sie legten einfach das Ohr auf den Boden …

Die Bedeutung dieser menschlichen Sehnsucht nach allumfassender Kommunikation hat zunächst für die Postgesellschaften zu satten Umsätzen geführt. In vielen Ländern hat der Staat diesen lukrativen Bereich sehr früh an sich gerissen und war auch in Zeiten der allgemeinen wirtschaftlichen Liberalisierung nur ungern bereit, private Konkurrenz zuzulassen. Dieser Markt war heiß umkämpft: Bis zum Zeitpunkt, als das Internet zu seinem Siegeszug ansetzte. Mittlerweile hat das E-Mail den klassischen Brief in weiten Bereichen verdrängt. Wir kommunizieren online, ständig, mobil und allumfassend via Internet. Das Kommunikationsmedium beeinflusst unseren Kommunikationsstil und somit auch unsere soziale Kultur radikal.

Geprägt wird unsere soziale Kultur von der unerschütterlichen Überzeugung, dass in der heutigen Informationsübermittlung einfach alles möglich sei. Keine Vision ist zu utopisch, um nicht schon morgen zur Realität zu werden. Nicht nur die „Machbarkeit", auch die Geschwindigkeit der Übermittlung steigert sich laufend. Die Kommunikationsmöglichkeiten sind unendlich vielfältig geworden. Damit sollten die Kommunikationsprobleme der Menschheit gelöst sein – nie wieder Verständigungsschwierigkeiten, totale Informationsübersicht und rasche Klärung aller Missverständnisse – eben eine wunderbare neue Welt der Kommunikation.

Die Tatsachen sehen anders aus: Je mehr Information wir erhalten, desto weniger können wir sie überblicken. Je komplizierter die Telekommunikation wird, desto mehr Missverständnisse entstehen. Je „leichter" uns die Arbeit durch die Kommunikationstechnologie gemacht wird, desto weniger Zeit haben wir, desto mehr werden wir „getrieben". Wo liegt hier konkret das Problem?

Wir wollen uns hier nicht in die große Schar jener einreihen, die die moderne Technik als Teufelswerk verdammen und der „guten alten Zeit" nachtrauern, als man noch mit dem Federkiel romantische Liebesbriefe schrieb, statt einer E-Mail, und die Telefonkonferenz durch eine dreiwöchige Italienreise ersetzt wurde. Der menschliche Geist macht eben nicht halt, er muss forschen, mit veränderten Bedingungen wachsen. Stillstand wäre unser aller Ende. Wir haben uns diese neue Welt geschaffen, wir haben uns damit unendliche Möglichkeiten eröffnet.

Dieses Kapitel konzentriert sich vorrangig auf Kommunikationswege, die nicht der Face-to-face-Kommunikation dienen. Wir wollen Sie sensibilisieren für die versteckten Signale, die unsere virtuelle Welt bereithält und die wir im Zeitalter der immer schnelleren und knapperen Informationsübermittlung oftmals unterschätzen.

7.2 Das Telefon

„Leute mit hohen Positionen, Leute mit niedrigen Positionen, Reiche, Arme, Bewunderte, Verachtete, Geliebte, Gehasste, Zivilisierte, Wilde – mögen die alle sich einmal in einem Himmel mit ewiger Ruhe und ewigem Frieden zusammenfinden. Sie alle; nur nicht der Erfinder des Telefons!"
Mark Twain, 1890

Trotz aller technologischen Weiterentwicklung ist das Telefon nach wie vor eines unserer wichtigsten Verständigungsmittel. Ohne Telefon wäre unser Leben einigermaßen lahmgelegt. Ein Büro ohne Telefon ist undenkbar. Wir greifen unzählige Male pro Tag zum Hörer und trotzdem verbindet uns eine vielschichtige Hassliebe mit diesem Gerät. Über hundert Jahre schon quälen wir uns mit diesem Ding ab und haben immer noch nicht gelernt, wie man nervenschonend damit umgeht. Ganz im Gegenteil – unser Verhältnis zum Telefon wird immer zwiespältiger, wir empfinden es immer mehr als Antreiber, als „Sklaventreiber" und sind trotzdem davon abhängig, nahezu süchtig.

Dabei sind wie selbst die Antreiber: Ohne lange zu überlegen, greifen wir einfach zum Telefon und „terrorisieren" so unsere Mitmenschen. Spontanität ist alles, Planung umständlich, langweilig und altmodisch. So sind wir meist schlecht vorbereitet auf das Gespräch und rauben unseren Gesprächspartnern unnötig Zeit. Wir telefonieren zunehmend mobil, von überall an jedem nur erdenklichen Ort. Gibt es einmal kein Netz, sind wir zutiefst empört. Das Ergebnis dieses recht hektischen Telefonverhaltens ist meist enttäuschend: Erwartete Ergebnisse erzielen wir meist damit nicht.

Was macht die Telefonkommunikation so schwierig? Wo sind die Signale versteckt, die uns anzeigen, was wir tun sollten, und was wir beim Telefonieren besser lassen sollten?

Signal 1 – Der richtige Zeitpunkt

Eines der Hauptprobleme beim Telefonieren ist die Tatsache, dass es immer genau dann läutet, wenn man gerade bei einer wichtigen anderen Tätigkeit ist. Es unterbricht unsere Gespräche, unsere Gedanken, unsere Arbeit. Deswegen reagieren viele auf einen Anruf zunächst ungehalten. Der letzte Rest Anstand verbietet es uns, einfach „Sie stören mich, rufen Sie doch später an!" in das Telefon zu brüllen. Mit einem gewissen Maß an Feinfühligkeit kann der andere jedoch genau heraushören, dass er stört. Reagieren Sie also auf solche Signale und fragen Sie nach, ob dem anderen der Zeitpunkt passt. Ein „Nein, nein, ist schon ok, geht schon!" als Antwort auf diese Frage sagt alles aus: Der Zeitpunkt ist unglücklich gewählt, der andere ist nur zu höflich, es auszusprechen.

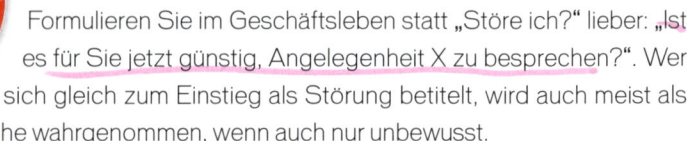

Tipp

Formulieren Sie im Geschäftsleben statt „Störe ich?" lieber: „Ist es für Sie jetzt günstig, Angelegenheit X zu besprechen?". Wer sich gleich zum Einstieg als Störung betitelt, wird auch meist als solche wahrgenommen, wenn auch nur unbewusst.

Wichtig ist es jedoch, sich schon vor dem Griff zum Hörer zu überlegen, ob der Zeitpunkt passt. Weiß ich zum Beispiel, dass in einer Firma Freitag Frühschluss gepflegt wird, ist Freitagnachmittag um 15:00 Uhr sicher nicht der beste Zeitpunkt, einen dortigen Geschäftspartner von den eigenen Ideen zu überzeugen. Montagmorgen zwischen 8:00 und 10:00 Uhr ist ebenfalls ungünstig, da läutet sowieso überall das Telefon und meist finden auch noch die wöchentlichen Meetings zu diesem Zeitpunkt statt. Will man sich nicht ständig den schönen Spruch „Herr X ist leider nicht zu sprechen, er ist bei Tisch!", anhören, ist die Mittagszeit ebenfalls nicht ideal.

Tipp

Wer etwas Bestimmtes erreichen will, tut gut daran, sich genau zu überlegen, ob er die Gepflogenheiten seines Telefonpartners kennt bzw. wann es für diesen günstig sein könnte, ein Telefonat entgegenzunehmen.

Signal 2 - Die Stimme

Das Telefon filtert sämtliche „Zusatzinformationen" wie Gesichtsausdruck und Körpersprache weg. Ich sehe meinen Gesprächspartner ja nicht, ich kann ihn daher nicht so leicht bei einer Lüge ertappen als im unmittelbaren persönlichen Gespräch. Ich bin auf seine Worte angewiesen. Die einzige Zusatzinformation, die ich durch die Leitung erhalte, ist seine Stimme. Die verrät dafür eine ganze Menge. Ich höre an der Stimme des anderen, ob er gerade lächelt, ob er mit skeptischer Miene durch zusammengepresste Zähne spricht oder ob er durch mein Gespräch gelangweilt wird.

Eine **tiefe Stimme** wirkt vertrauenswürdig und kompetent. Die **hohe Stimme** dagegen wirkt auf uns eher unsicher, hilflos und leicht hektisch. Die Stimmlage ist jedoch vielfach angeboren. Sind Sie daher unvoreingenommen und lassen Sie sich nicht zu sehr von den eigenen Vorurteilen leiten. Auch eine junge, hohe Stimme kann zu einer sehr kompetenten Person gehören. Und auch Menschen mit tiefer Stimme können ahnungslose Schwätzer sein. Achten sollten Sie aber auf einen plötzlichen Wechsel der Stimmlage. Wird die Stimme am anderen Ende plötzlich höher und „dünner", signalisiert das Unsicherheit und Nervosität. Holt er hörbar Luft, wird die Atmung flacher, wird die Unsicherheit hörbar.

Langeweile wird durch eine **monotone Stimme** ausgedrückt. Redet einer ohne jegliche Betonung, ist das Desinteresse hörbar, bildet sich eine unsichtbare Mauer zwischen beiden. Gelingt es nicht, den anderen aus seiner Reserviertheit zu locken, wird das Gespräch ergebnislos enden. Ist die Betonung des anderen gar **zu pathetisch**, macht uns das misstrauisch. Warum übertreibt er so? Will er seine Unehrlichkeit überdecken? Übertriebene Freundlichkeit – vielleicht als Reaktion auf ein eben besuchtes Telefonseminar? – bewirkt oft das Gegenteil dessen, was es bezwecken soll: Sie schiebt den anderen auf Distanz.

Tipp

Achten Sie vor Beginn des Gesprächs auf Ihre Atmung. Wer vorher fest ein- und ausatmet, hat meist genügend Luft, um mit einer ausbalancierten Stimme zu sprechen und dadurch positiv zu wirken.

Signal 3 - Das Sprechtempo

Zeit ist Geld und genau nach diesem Motto scheinen viele ihre Telefongespräche zu führen. Wie aus einem Maschinengewehr schießen die Worte ins Ohr des anderen. Der fühlt sich überfahren und gibt bald auf. „Schicken Sie mir doch bitte ein E-Mail mit allen Daten!", ist oft der einzige Ausweg. Wer zu schnell spricht, macht es dem anderen schwer, zuzuhören. Es ist also ein Zeichen von Unhöflichkeit, derart schnell zu sprechen. Andererseits kommt beim Gesprächspartner das Gefühl auf, der andere hätte etwas zu verbergen.

Besonders wichtig ist es, zu Beginn und am Ende eines Gesprächs langsam und deutlich zu sprechen. Und genau das wird selten eingehalten! Den Firmennamen und den eigenen Namen sprechen wir hundertmal am Tag aus – daher verschlucken wir gerne in der Hektik einen Teil:

„Msgmhntgutentag?" Übersetzung nötig?

„UMS-GmbH, Hunter, Guten Tag!", teilt uns diese Begrüßung mit. Doch leider hat der Anrufer keinen Übersetzer, er ist verunsichert, ob er überhaupt an der richtigen Stelle gelandet ist. Muss er nochmals nachfragen, fühlt er sich dabei äußerst unwohl. Die Barriere ist entstanden, bevor das Gespräch noch richtig begonnen hat.

Am Ende eines Telefonats klingt es ähnlich. Man ist froh, das Gespräch beenden zu können, und diese Erleichterung wird im erhöhten Sprechtempo und durch ein oberflächliches Zuhören deutlich. Es ist genau so, als würde man einen Besucher immer schneller zur Tür hinausschieben. Diese Form der Verabschiedung regt nicht dazu an, bald wieder anzurufen. „Dort war ich nicht willkommen, der war nur froh, mich wieder los zu sein!"

Signal 4 - Sprechpausen

Wer das gesamte Gespräch im gleichen Tempo spricht, monoton und ohne Pause, der signalisiert Langeweile. Das Gespräch ist für ihn Routine, er ist nur mit Teilen seiner Aufmerksamkeit bei der Sache. Ebenfalls keine gute Basis für ein konstruktives Gespräch. Wer ständig Pausen macht und dabei geräuschvoll nach Luft holt, der schickt in diesen Pausen ein Stoßgebet zum Himmel, das Gespräch möge doch bald beendet sein. Er ist vielleicht überfordert, geistig auf der Flucht. Es ist für den Gesprächspartner auch extrem unangenehm, wenn der andere ständig zu lange Pausen macht, einfach nichts sagt, nicht reagiert. „Sind Sie noch da?", ist man zu fragen verleitet.

Viele Menschen reagieren auf Pausen des Gesprächspartners, indem sie selbst besonders viel und schnell sprechen, um die peinlichen „Schweigephasen" zu überbrücken. Sie werden dabei unsicher und fragen sich: Hört der andere noch zu? Was tut er?

Tipp

Kurze Pausen sind jedoch ein positiver Beitrag zu einem gelungenen Telefonat. Der andere bekommt Zeit, über das Gesagte nachzudenken, die Spannung wird erhöht. Richtig eingesetzte Pausen sind die Würze eines Gesprächs.

Signal 5 - Die Begrüßung

Wie sich der andere am Telefon meldet, gibt mir sofort Aufschluss darüber, ob ich willkommen bin oder nicht. Ein kurzes „Ja, bitte?" wird sicher nicht als Willkommenszeichen, sondern eher als Störung gedeutet werden. Ebenso eine überfreundliche, unnatürliche Begrüßung:

„USM AG, Frau Sieglinde Sonne am Apparat, einen wunderschönen guten Tag, was kann ich für Sie tun?"

Das stärkste Signal, das mir mein Gesprächspartner in dieser Phase senden kann, ist die Nennung meines Namens. Das zeigt mir, dass mich der andere als Individuum wahrgenommen hat, dass er weiß, mit wem er da gerade spricht.

Wir hören nun einmal alle unseren Namen sehr gerne. Eine freundliche Begrüßung sollte selbstverständlich sein. Übrigens: Der Unterschied zwischen Höflichkeit und Freundlichkeit liegt im Grad der menschlichen Zuneigung!

Signal 6 - Hintergrundgeräusche

Sie sitzen vor einem übervollen Schreibtisch, ein Termin jagt den anderen. Und dann ist da auch noch dieses wichtige Telefonat mit Ihrem neuen Steuerberater. Sie wählen seine Nummer, nach mehrmaligem Läuten meldet sich eine äußerst fröhliche Stimme. Ihren Namen verstehen Sie kaum, da im Hintergrund lautes Stimmengemurmel und fröhliches Gelächter zu hören ist. Etwas erstaunt und verunsichert nennen Sie Ihren Namen und erläutern Ihren Wunsch. Als dann aber im Hintergrund auch noch ein Sektkorken knallt, verwandelt sich Ihre Unsicherheit in Ärger: „Ich will Ihre nette Feier nicht stören, vielleicht rufen Sie mich zurück, wenn Sie alle wieder weiterarbeiten!" sagen Sie vielleicht verärgert ins Telefon. Ob das wohl eine längere Geschäftsbeziehung wird?

Hintergrundgeräusche werden am Telefon sehr genau beachtet. Wir sehen die Umgebung des Gesprächspartners nicht, wir sind auf die akustischen Informationen angewiesen. Wir reihen das Gehörte klar ein: Gläserklirren bedeutet feuchtfröhliches Feiern, Radiomusik legt die Vermutung nahe, dass da recht wenig gearbeitet wird, sondern alle in fröhlicher Freizeitstimmung den Tag verbringen. Beides lässt uns vermuten, dass da nicht seriös gearbeitet wird. Achten Sie daher besonders im geschäftlichen Bereich auf das Vermeiden von typischen „Freizeitgeräuschen". Auch wenn eine kleine Feier im Büro durchaus seine Berechtigung hat und Musik im Hintergrund so manche Arbeitsleistung zu steigern vermag, so ist die Wirkung am anderen Ende nicht unbedingt positiv.

Ebenso störend sind private Gespräche im Hintergrund. Die Ohren des Anrufers „wachsen" geradezu durch die Leitung, wenn er im Hintergrund ein lautes Streitgespräch zweier Kollegen vernimmt. Er ist abgelenkt, wird misstrauisch und stellt die Kompetenz in Frage. Manchmal rückt das Hintergrundgespräch sogar in den Vordergrund, nämlich dann, wenn der Telefonierende noch heftig mitstreitet, während er abhebt oder wenn er weiter verbindet. Statt eines Grußes hört der unfreiwillige Zeuge vielleicht eine heftige Beschimpfung. Ob er dann noch die freundliche Begrüßungsformel ernst nimmt?

Tipp

● ●

Weichen Sie daher mit einem Telefonat in einen Nebenraum aus, wenn Sie nicht wollen, dass sich der Anrufer als lästiger Spielverderber oder unfreiwilliger Zeuge eines Streits fühlt.

● ●

Signal 7 - Unterbrechen

Wer ständig unterbrochen wird, verliert die Lust am Gespräch. Jedes Unterbrechen empfinden wir als Wegstoßen und somit als echte Barriere. Es zeigt uns die Ungeduld des Gesprächspartners, seine Nichtachtung dessen, was wir gerade sagen. Wir rufen ja nicht einfach grundlos an, wir haben ja ein Anliegen, das uns wichtig ist.

Lassen Sie daher Ihren Gesprächspartner am Telefon grundsätzlich aussprechen. Unterbrechen Sie nur, wenn unbedingt notwendig. Lässt sich eine Unterbrechung des anderen nicht vermeiden, kommt es ganz auf das Wie an. Ein barsches „Da sind Sie bei mir total falsch!" entgegengeschleudert, empfindet er als Abfuhr.

Besser ist es, mit einer Frage zu unterbrechen, das wirkt wesentlich weniger hart. Nennen Sie zusätzlich auch den Namen des anderen. „Herr Meier, habe ich Sie richtig verstanden, Sie wollen eine Auskunft bezüglich Ihrer letzten Spesenabrechnung? Da verbinde ich Sie gerne mit Frau Huber, die gibt Ihnen die gewünschte Auskunft!" So fühlt sich der Unterbrochene verstanden und ernst genommen.

Signal 8 - Mitschreiben

Sie glauben, der andere hört nicht, ob Sie mitschreiben? Er kann ja nicht auf Ihren Schreibtisch schauen? Richtig, das kann er nicht. Aber er hört genau, ob Sie mitnotieren. Achten Sie einmal bei ihren nächsten Telefonaten darauf, Sie werden uns sicher recht geben. Der Anrufer fühlt sich noch mehr ernst genommen, wenn er merkt, dass der andere Wichtiges mitnotiert. Er bekommt das Gefühl, sein Anliegen ist damit auch schriftlich deponiert und kann nicht so einfach in Vergessenheit geraten. Ein Telefonat ist im Unterschied zum Schriftverkehr nicht mehr beweisbar, Worte sind oft nur Schall und Rauch. Merke ich aber, dass der andere zumindest meinen Namen aufschreibt, habe ich weniger Angst, in Vergessenheit zu geraten.

Es ist auch für den Empfänger des Gesprächs leichter, die erhaltene Information „nachzubearbeiten", wenn er mitnotiert.

Gewöhnen Sie sich in Ihrem sowie im Sinne Ihrer Anrufer an, stets sofort zumindest den Namen zu notieren. Das wirkt entschieden besser, als sein „Supergedächtnis" unter Beweis stellen zu wollen.

Signal 9 - **Weiterverbinden**

Wer telefonisch in einem Unternehmen herumgereicht wird, merkt schnell, wie es um die Telefonkultur eines Unternehmens bestellt ist. Wer die Erleichterung des anderen spürt, dass er den lästigen Anrufer sofort wieder weiterschieben kann, fühlt sich nicht willkommen. Jedes Weiterverbinden ist auch tatsächlich eine Art von Wegschieben. Wer dies unsensibel und mit der falschen Formulierung tut, sendet ein eindeutig negatives Signal nach außen. Niemand wird sich beim Chef beschweren, weil er sich in dieser Phase schlecht behandelt fühlt. Es wird ihm ja meist selbst nicht so genau bewusst. Aber das ungute Gefühl bleibt trotzdem gespeichert. Genau deswegen liegt hier so eine heimtückische Falle versteckt.

Kennen Sie folgende Sätze?

„Ich stelle Sie jetzt durch!"

„Ich leg' Sie auf die Warteschleife!"

„Ich schaue jetzt, ob er frei ist, dann leg' ich Sie rüber!"

Wer möchte aber durch die Leitung gestellt, auf eine Warteschleife geworfen oder gar gleich auf den Schreibtisch des Chefs gelegt werden, so dort nicht noch ein anderer liegt? Oder werden Sie dann einfach oben drauf gepackt? Auch „Ich verbinde Sie!" ist ein Satz, der zur Krankenschwester mit dem Verband in der Hand besser passt (vgl. dazu auch Kap. 5).

Tipp

Professionelles Weiterverbinden beinhaltet die nötige Information für den Anrufer: Name, Abteilung und Durchwahl des zuständigen Mitarbeiters und vor allem eine freundliche Verabschiedung.

Signal 10 - **Der Rückruf**

Ist der Zeitpunkt für den Anruf ungünstig, bietet man besser einen Rückruf an. Der Anrufer merkt auch bald, wenn man selbst im Moment mit der Sachlage nicht vertraut ist, und daher nur „heiße Luft" redet. Er hat einen größeren Nutzen, wenn ich ihm einen Rückruf anbiete, um mich bis dahin mit den Fakten vertraut zu machen. Sonst bekommt er das Gefühl, ich möchte das Telefonat nur ja gleich erledigen – was vom Tisch ist, ist weg! Oder will ich die Gebühren für einen Rückruf sparen?

Ist der zuständige Mitarbeiter nicht da, gehört es sich, einen Rückruf oder eventuell einen späteren Termin vorzuschlagen. Aber bitte nicht so: „Er ist gerade nicht im Zimmer, probieren Sie es doch einfach immer wieder, irgendwann wird es schon klappen!"

Was man verspricht, das hält man auch! Diesen Satz haben wir schon als Kinder gehört. Warum vergessen wir ihn dann nur als Erwachsene so oft, wenn es um Rückrufe geht? Nichts wirkt unprofessioneller – egal, ob wir einfach darauf vergessen, oder den Rückruf immer wieder hinausschieben, weil uns das Gespräch lästig ist. Insgeheim hoffen wir vielleicht, dass sich die Sache von selbst erledigt. Das ist nicht immer die beste Lösung, vor allem, wenn unsere Kompetenz auf dem Spiel steht. Ein verärgerter Kunde, der immer wieder selbst zum Hörer greifen muss, bis sein Anliegen erledigt wird, ist sicher kein positiver „Meinungsbildner" für unser Unternehmen.

Tipp

Die Frage „Wann ist ein Rückruf für Sie günstig? Wann sind Sie gut erreichbar?" signalisiert die Ernsthaftigkeit Ihres Angebotes. Es genügt einfach nicht mehr, nur einen Rückruf anzubieten, wir sollten gleich auch einen Zeitrahmen dafür vereinbaren.

Der professionelle Umgang mit dem Telefon schont die eigenen Nerven und die des Anrufers. Greifen Sie nicht wahllos und spontan zum Hörer. Ein Gespräch, impulsiv und reflexhaft geführt, bringt selten die gewünschten Ergebnisse, es stiehlt nur Ihnen und Ihrem Gesprächspartner die Zeit. Fassen Sie im Sinne eines guten Zeitmanagements Telefonate zu eigenen zeitlichen Blöcken zusammen. Und nützen Sie vor allem die Chance, sich auf ein aktiv geführtes Gespräch vorzubereiten:

→ Was will ich mit diesem Gespräch erreichen?
→ Welche Argumente brauche ich?
→ Was wird der andere einwenden?
→ Welcher Zeitpunkt ist günstig?
→ Was weiß mein Gesprächspartner schon? Welche Information benötigt er?
→ Welche Unterlagen muss ich mir zurechtlegen?

Mit den richtigen Antworten auf diese Fragen wird es entschieden leichter fallen, das Telefon wirklich sinnvoll zu nutzen. Mark Twain hatte wahrscheinlich wenige Anrufer, die sich darüber Gedanken gemacht haben, sonst wäre seine eingangs zitierte Formulierung sicher nicht so scharf ausgefallen.

Die Sprachbox und die Voicemail

Was für ein Segen der Technik! Wir können das Telefon auch nützen, wenn wir gar nicht da sind! Nie wieder kann sich einer darauf ausreden, er hätte uns nicht erreicht. Wir können anderen unsere Meinung sagen, auch wenn sie nicht persönlich abheben!

Wie auch immer Sie Ihren Anrufbeantworter einsetzen – ob als reines Mittel zum Zweck, als Informationshilfe oder als kabarettistische Selbstverwirklichung – um zwei Tatsachen kommen wir nicht hinweg:

1. Die Sprachbox bzw. Voicemail ist Ihre Visitenkarte.
2. Er ist aber auch eine Enttäuschung, eine Barriere für den Anrufer – er wollte mit Ihnen sprechen und hat nur eine Ansagestimme als „Gesprächspartner".

Hinter dieser „Visitenkarte" verstecken sich viele Aussagen zu Ihrer Person, Ihrem Unternehmen. Ist der Text undeutlich oder zu rasch gesprochen, ist die Tonqualität mangelhaft, steht damit Ihre Professionalität auf dem Spiel. Ich bekomme als Anrufer den Eindruck, dass sich da schon lange keiner mehr mit den Standardtexten befasst hat. Wahrscheinlich werden Anrufer hier sofort vom Band gelöscht!

Nichts entnervt einen Anrufer mehr, als wenn er um 9:00 Uhr morgens mit folgendem Text konfrontiert wird: „Leider sind wir im Moment nicht für

Sie erreichbar. Unsere Bürozeiten sind von 8:00 Uhr bis 17:00 Uhr. Bitte rufen Sie doch gleich morgen Früh wieder an!"

Der Informationstext vom Band sollte nie innerhalb der Bürozeiten laufen. Achten Sie außerdem auf einen aktuellen Text: z. B. keine Verabschiedung in die Sommerferien, wenn ein Blick auf den Kalender den 23. Dezember anzeigt. Prüfen Sie also Ihren Text und auch die technische Qualität immer wieder durch einen Kontrollanruf.

Eine freundliche, angenehme Telefonstimme kann die Enttäuschung des Anrufers etwas mildern. Es ist völlig egal, wem diese Stimme gehört – ob Chef, Mitarbeiter oder professionellem Sprecher.

Tipp

Rufen Sie immer wieder einmal Ihr eigenes Unternehmen an. Es ist wichtig zu wissen, was Ihre Anrufer zu hören bekommen, wenn niemand abhebt oder während sie weiterverbunden werden!

Wir wollen die Sinnhaftigkeit von Anrufbeantworter, Voicemail und Sprachbox sicher nicht in Frage stellen. So wie alle modernen Kommunikationstechnologien sind sie sinnvolle Hilfsmittel, um notwendige Informationen zu erhalten und weiterzuleiten. Achten Sie darauf, einen Anrufer auf Ihrer Sprachbox auch wirklich zurückzurufen. Ihre Sprachbox ist eben nur ein „Hilfsmittel", kein Ersatz für Kommunikation.

7.3 Das Mobiltelefon und das Smartphone

Nichts hat unser Telefonverhalten so revolutioniert wie das Mobiltelefon. Wo immer wir sind, was immer wir tun, nichts hindert uns mehr daran, sofort mit jedermann (Fern-)Kontakt aufzunehmen. Was stören schon die paar Nebengeräusche? Oder die erhöhte Unfallgefahr bei 160 km/h auf der Autobahn ohne Freisprechanlage? Hauptsache wir sind dynamisch, immer am Ball und wichtig genug, um immer erreichbar zu sein!

Was hätte wohl Mark Twain zu dieser Erfindung gesagt? Da beschweren wir uns doch schon seit Jahren über die Allgegenwart des Telefons im Büro, über die ständigen Störungen, und jetzt nehmen wir dieses Marterwerkzeug auch noch an die geheimsten Orte mit! Ist uns denn noch zu helfen? Oder ist unser Gejammer über die ständigen Störungen nur vorgetäuscht? Ist nicht vielleicht unsere Angst, nicht mehr wichtig genug zu sein, nicht mehr ständig gefragt zu sein, noch viel größer?

Eine Weiterentwicklung des guten alten Mobiltelefons hat unser Kommunikationsverhalten grundlegend revolutioniert: das Smartphone. Jetzt wird nicht mehr nur mobil telefoniert, wir surfen, twittern, mailen und texten immer und überall. So können wir schon am Weg ins Büro die ersten E-Mails checken und beantworten. Der Zusatz „sent from my mobile" wirkt schon sehr dynamisch. Der Informationsaustausch findet zunehmend schriftlich statt, die mündliche Kommunikation nimmt ab. Wir fassen unsere Nachrichten in knappe Texte und ergänzen diese mit lustigen Icons. Das spart einerseits Zeit, gibt aber Raum für viele Missverständnisse. Darüber hinaus ist auf Grund der sozialen Netzwerke der Kreis der Adressaten und „Gesprächspartner" wesentlich größer. Wir kommunizieren kürzer und knapper, aber mit wesentlich mehr Menschen. In Summe verwenden wir viel mehr Zeit auf unsere mobile Kommunikation als früher – Tendenz steigend. Kommunikation kann damit oberflächlicher werden, obwohl oder gerade weil die Informationsflut so gewaltig ist.

Das Positivste an dieser Entwicklung? Wer eher schriftlich über sein Mobiltelefon kommuniziert, telefoniert weniger und stört so seine Umwelt akustisch weniger.

Wir wollen uns zunächst dem mobilen Telefonieren widmen und untersuchen, welche versteckten Signale unser Telefonverhalten beinhaltet:

→ Die **Nebengeräusche**: Der Anrufer fühlt sich gestört, wenn er Teile eines Gesprächs nicht richtig versteht, weil gerade ein Lastwagen vorbeidonnert oder die Lautsprecheransage am Flughafen deutlicher zu hören ist als der Gesprächspartner. Am lästigsten aber ist es, wenn das Gespräch unterbrochen wird, weil entweder ein Tunnel auftaucht oder der Wechsel zwischen zwei Sendebereichen nicht so ganz reibungslos klappt.

→ Die **Hintergrundgeräusche** verraten dem Anrufer sehr rasch, wo sich der andere gerade befindet. Es fällt schwer, dem Kunden klarzumachen, wie sehr man um seine Auftragsabwicklung bemüht ist, wenn im Hintergrund fröhliches Badetreiben zu vernehmen ist. „Ich muss bei 30 Grad im Schatten ja auch im Büro sitzen!", ist der erste Gedanke! Oder Sie erreichen Ihren Anwalt endlich um 15:00 Uhr und können an den Hintergrundgeräuschen genau erkennen, dass er sich noch immer im Restaurant aufhält, wo er laut seiner Sekretärin schon seit 12:00 Uhr ist. „Mit meinen Honoraren lässt sich gut tafeln, das kann ich mir vorstellen!", diese Gedanken liegen nah.

→ **„Feind hört mit":** Habe ich als Anrufer den Eindruck, der andere telefoniert an einem öffentlichen Ort, zum Beispiel im Großraumwaggon der Bahn, liegt die Vermutung nahe, dass da jede Menge Leute mithören. Wer hat nicht schon selbst erlebt, wie andere ungeniert über diesen und jenen Geschäftspartner herziehen, ohne zu bedenken, dass möglicherweise gerade ein guter Freund des „Geschmähten" hinter ihm sitzt? Wie viele Geschäftsgeheimnisse sind auf diesem Weg schon an die falsche Adresse gelangt! Aber irgendwie hält sich offensichtlich das hartnäckige Gefühl bei allen Mobiltelefonbenutzern, sie wären mit dem ersten Läuten ihres Handys plötzlich allein auf der Welt.

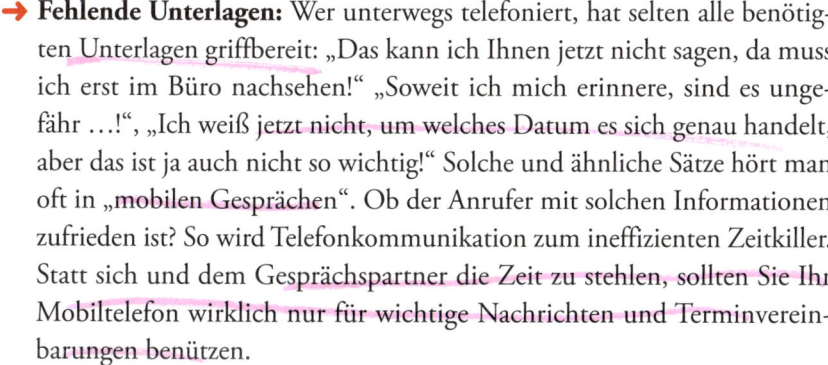

→ **Hektik:** Telefonieren auf „freier Wildbahn", sprich an öffentlichen Plätzen zu Geschäftszeiten, vermittelt immer den Eindruck von Hektik am anderen Ende. Es bringt nicht nur den Anrufer, sondern auch den Mobiltelefonbenutzer um seine Konzentration, er wird von der Unruhe ringsumher leicht angesteckt. Der Gesprächspartner bekommt das Gefühl, nur „die zweite Geige" zu spielen. „Schwierige" Gespräche lassen sich so nicht einfach führen.

→ **Fehlende Unterlagen:** Wer unterwegs telefoniert, hat selten alle benötigten Unterlagen griffbereit: „Das kann ich Ihnen jetzt nicht sagen, da muss ich erst im Büro nachsehen!" „Soweit ich mich erinnere, sind es ungefähr …!", „Ich weiß jetzt nicht, um welches Datum es sich genau handelt, aber das ist ja auch nicht so wichtig!" Solche und ähnliche Sätze hört man oft in „mobilen Gesprächen". Ob der Anrufer mit solchen Informationen zufrieden ist? So wird Telefonkommunikation zum ineffizienten Zeitkiller. Statt sich und dem Gesprächspartner die Zeit zu stehlen, sollten Sie Ihr Mobiltelefon wirklich nur für wichtige Nachrichten und Terminvereinbarungen benützen.

Tipp

Verkaufsgespräche oder Reklamationsbehandlung via Handy sind nicht empfehlenswert.

→ **Mobile Anrufe während eines Gesprächs:** Wer hat sich nicht schon geärgert über die lästige Unterbrechung eines wichtigen Gesprächs, weil irgendwo in den „Habseligkeiten" des Gegenübers das Mobiltelefon läutet? Zunächst beginnt die hektische Suche nach der „Lärmquelle", um dann mit entschuldigendem Blick Richtung Gesprächspartner das Telefonat entgegenzunehmen. So hat man unter Umständen gleich zwei Gesprächspartner verärgert.

Tipp

Schalten Sie daher Ihr Mobiltelefon unbedingt aus oder auf lautlos, bevor Sie ein wichtiges Gespräch beginnen.

→ **Die Sprachbox:** Wir wollen uns nicht wiederholen und verweisen daher auf die Ausführungen auf Seite 159. Wir empfinden es als richtig wohltuend, einmal einfach nur den Standardtext zu hören. Da wissen wir genau, was uns erwartet, kein „Humor", der uns verunsichert (Ist Ihnen schon aufgefallen, dass die meisten „witzigen" Sprachboxtexte sich auf Kosten des Anrufers lustig machen?).

Tipp

Sinnvoll ist es, die Anrufe am Mobiltelefon einfach umzuleiten, am besten ins eigene Büro oder zur Sprachbox mit sachlichem Text.

Es ist zum unverzichtbaren Statussymbol geworden, das jeweils letzte Modell des Smartphones zu besitzen. Diese Trophäe will dann aber auch gezeigt werden! Kenner sehen sofort, welches Modell das Gegenüber verwendet, und stufen den Gesprächspartner unbewusst danach ein. Wer noch mit einem alten Modell, einem reinen Mobiltelefon telefoniert, gilt fast schon als peinlich. Geräte, die heute jeder haben muss, verschwinden morgen schon wieder vom heiß umkämpften Markt. Das Mobiltelefon ist zur Visitenkarte geworden. Die Individualität wird dabei über die Wahl des Klingeltons demonstriert. Der neueste Chartstürmer, Löwengebrüll, Babygeschrei oder Feuerwehrsirene – die Wahl des Klingeltons gilt als klares Signal und lässt Rückschlüsse auf die Person zu.

Schriftlich Kommunizieren mit dem Mobiltelefon

Der private Umgang mit dem Smartphone ist zum wesentlichen gesellschaftlichen Faktor unserer Zeit geworden. Beziehungen und Freundschaften existieren vielfach und zumindest abschnittsweise vor allem in der Generation Y ausschließlich virtuell. Soziale Medien machen es möglich, mit unendlich vielen Menschen in Kontakt zu treten. Dieser Kontakt ist meist sehr oberflächlich, sehr verknappt und unverbindlich. Viel ist geschrieben und gesagt worden über die Gefahren dieser Entwicklung. Betrachten wir hier nur die Auswirkungen auf unsere Arbeitswelt:

→ Privat- und Geschäftswelt verschwimmen zusehends. Überstunden finden so nicht mehr im Büro, sondern in der U-Bahn, in der Freizeit, ja sogar im Bett statt. Schnell noch ein E-Mail vom Mobilgerät versendet, eine Anfrage bearbeitet etc. Der Druck steigt so auf die Mitarbeiter, auch in ihrer Freizeit permanent online zu sein.

→ Private und berufliche Kommunikation lassen sich im Zeitalter des Smartphones nicht mehr trennen. Konnten in den Anfängen von Facebook und Co. die Unternehmen diese Internet-Seiten für ihre Mitarbeiter noch sperren, kann jetzt jeder mit seinem privaten Mobiltelefon „sozial netzwerken". So entsteht für die betroffenen Unternehmen ein ungeheurer Effizienzverlust. Oder können Sie sich vorstellen, dass ein Firmenchef tolerieren würde, wenn seine Mitarbeiter bis zu einem Drittel der Arbeitszeit stricken würden?

→ Besonders im Zusammenhang mit den sozialen Netzwerken ist das Smartphone zur wahren „Informationskanone" geworden. Die Möglichkeit, auch gleich noch Bilder zu versenden, bietet unendliche Varianten der Selbstdarstellung im Netz. Für Personalverantwortliche ist es daher unentbehrlich geworden, sich über mögliche Mitarbeiter vielschichtig zu informieren – vielen Menschen ist nicht bewusst, wie riesengroß und unauslöschlich ihre Fußspuren im Netz sind. Wer im Krankenstand Bilder aus dem Freibad ins Netz stellt, braucht sich über unangenehme Folgen nicht zu wundern.

→ Wer sein Privattelefon auch dienstlich nutzt, spart zwar dem Arbeitgeber Geld, schafft aber ein neues Problem: Die Sicherheit von unternehmenseigenen Datensystemen ist gefährdet. Wer sich mit dem privaten Mobilgerät ins unternehmensinterne Netzwerk einloggt, kann damit so unter Umständen virenbehaftete Dateien einschleusen.

Tipp

Führen Sie unternehmensintern klare Spielregeln zum Gebrauch von privaten Geräten ein. Installieren Sie auf allen geschäftlich genutzten Smartphones die unternehmenseigene Sicherheitssoftware. Klären Sie, was ins Netz gestellt werden kann wie der Umgang mit sozialen Netzwerken auszusehen hat.

Soziale Netzwerke sind von Unternehmerseite aus schwer kontrollierbar. Dem Mitarbeiter muss seine Verantwortung im Umgang mit diesen Medien bewusst gemacht werden. Jeder trägt Verantwortung, was und wann und wie er kommuniziert.

7.4 Die schriftliche Kommunikation

Im Berufsalltag nimmt die E-Mail einen immer größeren Kommunikations-
raum ein. Sie ist schnell geschrieben, erfordert wenig Aufwand in der Form,
wirkt informeller, direkter und die Übermittlung ist unvergleichlich schneller.
Wir sind fast immer und überall online und sende- sowie empfangsbereit.
Darunter leidet jedoch öfter auch die Qualität der schriftlichen Kommunikation. Der permanente Zeitdruck zwingt uns, knapper und kürzer zu formulieren. Geschwindigkeit ist alles – doch „speed kills"! Gerade schwierige,
komplexe Inhalte sind schwerer in eine kurze und prägnante Nachricht zu
verpacken. So wird vielfach auf Genauigkeit zu Gunsten der Schnelligkeit
verzichtet. Lieber noch eine weitere E-Mail nachsenden, als gleich alles mühsam zusammenzufassen oder mündlich lange auszudiskutieren. So entstehen
endlose E-Mail-Konvolute, die zu durchforsten sind und nicht immer der
besseren Verständigung dienen. Was war noch genau der wichtige Punkt in
der Ausgangsmail? Wer kann jetzt genau wann nicht? Was haben wir jetzt
letztendlich vereinbart? Gar nicht so einfach, bei so viel „AW:AW:AW:" noch
den Durchblick zu behalten!

Sollen wir also zurück zum guten alten Geschäftsbrief? Uns wieder Mühe
geben, alles NORM-gerecht abzufassen und per Post zu versenden? Da wird
wohl kaum jemand zustimmen. Die E-Mail ist aus unserer Welt nicht mehr
wegzudenken und die Vorteile sind unübersehbar. Heute geht es darum, sowohl dieses Medium wie auch den klassischen Schriftverkehr richtig einzusetzen und die Signale zu erkennen, die jeweils ausgedrückt werden.

E-Mail oder Brief – als deutliches Signal?

Die Kommunikation via E-Mail ist einfach, sachbezogen und zeitsparend.
Kein langes Aufhalten mit Schriftverkehrsregeln, kein Entfernen vom Arbeitsplatz durch Postgänge und vor allem kein Zeitverlust durch die Postbeförde-
rung. Alles geht schnell und der Chef braucht keine Sekretärin mehr, um
rasch eine E-Mail an einen Geschäftspartner zu senden. Ähnlich wie das Mobiltelefon unser Telefonverhalten, hat die E-Mail unsere schriftliche Kommunikation revolutioniert.

Wir sind per E-Mail permanent erreichbar, erwartet wird in vielen Unternehmen eine rasche Antwort, oft in Echtzeit. Wir meinen, dass die umgehende Beantwortung einer E-Mails ein starkes Signal nach außen setzt – die Erwartungen steigen. Entscheidungen werden meist rascher getroffen, die Wortwahl in der E-Mail daher oft weniger überdeckt.

Der klassische Geschäftsbrief ist noch nicht ganz aus unserem Geschäftsleben verschwunden. Ein Teil der schriftlichen Kommunikation erfolgt immer noch per Brief. Oft geht es dabei um die rechtliche Verbindlichkeit der Informationsübermittlung. Ich habe mit dem Brief keine Möglichkeit, das Geschriebene so einfach zurückzunehmen. Ein Brief wirkt daher wesentlich nachhaltiger und verbindlicher als die E-Mail-Kommunikation. Eine unbedachte Formulierung, eine nachlässige äußere Form ist dokumentiert. Da sich die E-Mail immer noch vielfach in einem nicht ausjudizierten Raum bewegt, erfordern so manche geschäftliche Vorgänge wie etwa Bestellungen, Angebotsannahme und Reklamationsbeantwortungen die klassische Schriftform.

Der „klassische" Schriftverkehr

Der Brief gilt nach wie vor als Beweismittel und wichtiges Geschäftsdokument. Es ist daher notwendig, den Brief so zu gestalten, dass keine Missverständnisse und Barrieren beim Empfänger entstehen. Im Folgenden führen wir einige Punkte an, auf die in dieser Hinsicht besonders zu achten ist:

Die Vorbereitung: Wer unüberlegt einfach drauflos schreibt, tappt leicht in die „Spontanitätsfalle" – nicht immer ist gerade im Berufsleben der erste Impuls der richtige. Es lohnt sich, vorher genau zu überlegen:

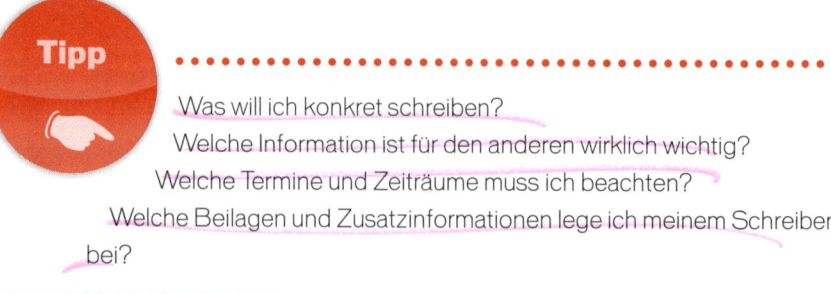

Tipp

Was will ich konkret schreiben?
Welche Information ist für den anderen wirklich wichtig?
Welche Termine und Zeiträume muss ich beachten?
Welche Beilagen und Zusatzinformationen lege ich meinem Schreiben bei?

Die äußere Form: In jedem Land gibt es offizielle Richtlinien, nach denen ein Brief ausgerichtet werden sollte. (ÖNORM, DIN-NORM etc.). Das vermittelt Professionalität, Sicherheit und hat nichts mit mangelnder Kreativität zu tun. So ist die richtige Schreibweise der Empfängeranschrift beispielsweise aus posttechnischen Gründen wichtig: Die Empfängeranschriften werden elektronisch gelesen und je nach identifizierten Zeichen eingeordnet. Entspricht die Empfängeradresse der vorgegebenen Norm, wird der Brief rascher befördert.

Tipp

Sie finden die wesentlichen Regeln zum Schriftverkehr in der ÖNORM A1080 (für Österreich), DIN 5008 (für Deutschland) und SN 010130 (für die Schweiz).

Die zeitgemäße Form ist auch leserfreundlicher. Eine übersichtliche Gliederung durch Herausheben der Fakten unterstützt den Lese- und Merkvorgang. Bitte Vorsicht bei Zahlen: Leicht verliert der Leser bei langen Zahlenkolonnen die Lust, weiterzulesen.

Der Briefstil: Ein prägnant und klar formulierter Brief hat eher Chancen, in der Informationsflut obenauf zu schwimmen. Je verständlicher, einfacher und kürzer die Sätze sind, desto lesefreundlicher sind sie. Lange Schachtelsätze und umständliche Nebensätze bilden Lesebarrieren im Kopf des Empfängers. Ebenso verhält es sich mit dem typischen verstaubten „Briefs-Amtsdeutsch":

„Zur Beantwortung von Rückfragen gerne bereit, verbleiben wir in vorzüglicher Hochachtung …"

„Unserer Hoffnung auf positive Erledigung Ihrerseits Ausdruck verleihend …"

„Bezugnehmend auf obig angeführten Betreff erlauben wir uns, uns in diesem Schreiben vertrauensvoll an Sie zu wenden mit der Bitte um Kenntnisnahme, Rücksprache und ehebaldigster Kontaktaufnahme …"

Wer kennt sie nicht, diese Wunder an Formulierkunst, die immer noch durch unseren Briefverkehr geistern? Streichen Sie all diese unnötigen „Papierverschwender" aus Ihrem Briefstil. Sie wirken verstaubt und überholt.

Der Umfang: Ein professioneller Brief sollte so kurz wie möglich und so lange wie nötig sein. Profis halten dabei den Umfang von einer Seite für die Norm. Gliedern Sie den Inhalt in möglichst kurze Absätze. Bedenken Sie den Leseverlauf; bedenken Sie, dass der Leser zunächst den Anfang liest und vor allem den Betreff. Dann wandert das Auge quer nach unten, um den Schluss zu lesen. Ist beides interessant genug und dazu geeignet, die Neugier des Lesers zu wecken, wird auch der Rest der Seite gelesen. Sind Anfang und Schluss schlecht formuliert oder nicht aussagekräftig genug, ist die Gefahr groß, dass Ihr Brief nicht näher zur Kenntnis genommen wird. Am Anfang bzw. im Betreff sollte stehen, worum es in dem Schreiben geht. Am Schluss sollte klar erkennbar sein, welche Aufforderung zum Handeln mit dem Inhalt des Briefs verbunden ist. Geht ein Brief über zwei oder mehrere Seiten, wird die Aufmerksamkeit des Lesers meist auf eine harte Probe gestellt.

Der Rahmen: Die Richtigkeit des Empfängernamens und seiner Anschrift sind Grundvoraussetzungen, um den Empfänger nicht zu verärgern. Keiner liest seinen Namen gerne falsch. Manche Menschen legen immer noch sehr großen Wert auf alle möglichen erworbenen und verliehenen Titel. Auch die eigene Unterschrift sollte einigermaßen lesbar sein und vor allem nicht fehlen! Dies zeugt von Nichtachtung des Empfängers – oder von sehr chaotischer Arbeitstechnik.

Tipp

Wir schreiben für den Leser und nicht für uns selbst. Wir wollen nicht beeindrucken, wir wollen verstanden werden!

Mit dem Computer ist Schriftverkehr einfach geworden: Die einheitliche Form, Adressen und Anreden, aussagekräftige Textbausteine und aktuelle Rechtschreibung sind gespeichert. Wir müssen nur die richtigen Bausteine zusammenfügen und schon ist der perfekte Brief im Drucker! Viele verlassen sich dabei „blind" auf ihren Computer. Ist eine Adresse, ein Name in der Adressdatei falsch gespeichert, erscheint er hartnäckig immer wieder auf dem

Briefkopf. Der Empfänger geht vielleicht beim ersten Mal lächelnd über den Fehler hinweg. Sein Antwortschreiben enthält natürlich den richtigen Namen – trotzdem ziert das nächste Schreiben an ihn wieder der falsche Name. Beim nächsten Telefonat bittet er um Richtigstellung – wieder ohne Erfolg. Ein persönliches Beispiel gefällig?

Ein renommiertes Wirtschaftsinstitut schafft es trotz vielfachen Urgierens nicht, unsere Namen in seiner Adressdatei richtigzustellen. Wir haben uns mittlerweile daran gewöhnt, dass aus Herrn Gabriele Schranzcerwinka niemals Frau Gabriele Schranz und Frau Gabriele Cerwinka werden wird!

Die E-Mail

Diese Form der schriftlichen Verständigung wird in unserer digitalen Zeit immer wichtiger. Die E-Mail hat den klassischen Geschäftsbrief in vielen Bereichen verdrängt. Überall dort, wo die rechtliche Relevanz nicht ganz so groß ist, bietet das Medium E-Mail entscheidende Vorteile. Vor allem die firmeninterne Kommunikation funktioniert fast ausschließlich via E-Mail. Die Gesprächskultur hat sich dadurch entscheidend gewandelt. Wir kommunizieren mehr und in anderen Formen. Es ist ein bedeutender Unterschied, ob ich zum Kollegen auf einen Kaffee „vorbeischaue", um eine Information einzuholen oder eine Angelegenheit zu besprechen, oder ob ich ihm einfach formlos eine E-Mail schicke.

Auch wenn eine E-Mail keine Rückseite hat, so ist sie doch ein Ding mit zwei Seiten, mit Vor- und Nachteilen, mit Chancen und Risiken.

Bleiben wir zunächst bei den **Vorteilen**:

→ Wenn wir unsere Bitte, unsere Meinung, eben das, was wir zu sagen haben, schriftlich abfassen, werden wir gezwungen, klarer und einfacher zu formulieren. Mit Worten reden wir oft drauflos, beim Schreiben überlegen wir eher, was wir sagen wollen. Wir kommen schneller zum Punkt. Die formlose E-Mail-Sprache fördert diese sachbezogene, knappe Formulierung. Die „Heiße-Luft-Gebilde" und so manche inhaltsleere Floskel aus dem Schriftverkehr haben hier ihre Bedeutung verloren. Unsere zwanglose Kommunikation hat sich vielfach verschriftlicht.

→ E-Mails helfen Zeit zu sparen! Statt dem „kleinen Tratsch" mit dem Kollegen verfasse ich eine kurze und prägnante Nachricht, die der Ansprechpartner in gleicher Form zurückgibt. Alle einleitenden Plaudereien über Wetter und Wochenende entfallen. Ich muss auch meinen Arbeitsplatz nicht verlassen. Manche schaffen es sogar, gleichzeitig zu telefonieren, ihre Ablage durchzusehen und einem eintretenden Kunden freundlich zuzunicken. Durch die formlosere Gestaltung der E-Mails erspare ich mir auch viel Zeit bei der „Verpackung" einer Nachricht. Formvorschriften müssen weniger beachtet werden, keine floskelhaften Einleitungen sind nötig. Ich brauche keinen Drucker, kein Papier, kein Kuvert und keine Briefmarke.

→ Im Unterschied zum Telefon ist es für die E-Mail unerheblich, ob der Empfänger gerade an seinem Arbeitsplatz sitzt oder nicht. Ich kann meinen Wunsch an ihn deponieren, muss nicht mehrmals zum Hörer greifen und spare daher Zeit. Ebenso kann ich mir als Empfänger von E-Mails aussuchen, wann ich sie öffne. Daher ist es bei entsprechender Arbeitstechnik leicht, diese Aufgabe zügig in einem Block zu erledigen, ich muss nicht immer genau dann meine Arbeit unterbrechen, wenn eine Information einlangt, wie es eben beim Telefon der Fall ist.

→ Ich kann problemlos und schnell ein und dieselbe Nachricht an verschiedene Stellen versenden. Statt mit umfangreichen Kopien die Papierflut zu verschärfen, hat der Adressat die nötige Kopie auf Knopfdruck am Bildschirm.

→ Das papierlose Büro rückt damit in greifbare Nähe: Die Dokumentation der Nachrichten erfolgt fast ausschließlich ohne Aktenordner. Viele wichtige Mitteilungen, die bisher fast ausschließlich mündlich „im Haus unterwegs" waren, sind jetzt schriftlich festgehalten. Kein Kollege kann mir vorwerfen, er hätte die Information nicht von mir erhalten. Und auch ich habe genau dokumentiert, was mir die Kollegen weitergeleitet haben und was nicht. Versende ich meine E-Mails schreibgeschützt, kann sie im Nachhinein niemand „manipulieren". Meinungsverschiedenheiten und Missverständnisse können damit erheblich minimiert werden.

→ E-Mails, in denen die entscheidenden Fakten aus einem wichtigen Telefonat zusammengefasst werden, dienen der Verbindlichkeit von Vereinbarungen und sind so die ideale Ergänzung zur Telefonkommunikation.

→ Auf Grund des raschen Informationsaustausches kann ich mehr Chancen wahrnehmen, schneller reagieren. Es ist ein entscheidender Vorteil, z. B. rasch auf einen Kundenwunsch eingehen zu können, als erst den mehrtägigen Postweg abwarten zu müssen.

Aus all den genannten Gründen ist also nicht verwunderlich, dass diese Form der Kommunikation so rasanten Einzug in unsere Arbeitswelt genommen hat. Den Gefahren jedoch, die in dieser Kommunikationsform lauern, wird zu wenig Beachtung geschenkt:

→ Gerade weil es so einfach und unkompliziert ist, eine Nachricht zu versenden, wird oft nicht lange überlegt, sondern einfach gemailt. Spontan und ohne ein zweites Mal zu überlegen. Ich muss mich dabei ja nicht mit meinem Gesprächspartner direkt auseinandersetzen. Niemand widerspricht, ich kann einfach meine Meinung in die Tasten klopfen. Ein kurzer Klick und die Nachricht ist versendet. Das gibt ein gutes Gefühl, ich habe wieder etwas vom Tisch, etwas erledigt. Nicht selten werden Aufgaben auf diese Weise hin und her delegiert. Statt ein Problem gemeinsam zu lösen, wird Statement um Statement versendet, ohne der Lösung entscheidend näherzukommen. Der Computer ist geduldig, Speicherplatz ist genug vorhanden.

Tipp

Lesen Sie jede, wirklich jede E-Mail noch einmal durch, bevor Sie sie versenden. Für neu erstellte E-Mails ist es hilfreich, den Empfänger erst als Letztes einzufügen, um nicht unabsichtlich unfertige E-Mails zu versenden.

→ E-Mails werden auch oft als Machtmittel eingesetzt. In mancher firmenbezogenen E-Mail werden Arbeitsaufträge wie Befehle erteilt. Der andere muss den Befehl hinnehmen, ohne direkt Einspruch zu erheben oder genaue Klärung verlangen zu können. Delegation by E-Mail ist mittlerweile in manchen Unternehmen zur gefürchteten Führungskultur geworden.

Kapitel 7: Kommunikation auf allen Kanälen

Manche Kollegen meinen auch, die Wichtigkeit einer Person werde an der Zahl ihrer versendeten (und erhaltenen) E-Mails und vor allem nach der Sendezeit bewertet. So schwirrt die elektronische Post durch unsere Büros, sprudelt nur so aus dem Computer und türmt sich vor uns auf. Was aus Zeitersparnisgründen eingeführt wurde, beginnt zunehmend zum Zeitdieb zu werden.

Tipp

Überlegen Sie genau, bevor Sie eine E-Mail verschicken, ob sie auch wirklich notwendig ist! Wer ständig mit E-Mails vom selben Absender bombardiert wird, der kann einmal zum „Informationsverweigerer" werden.

→ Das Lesen am Bildschirm ist anders als das Lesen eines Schriftstücks. Es ist wesentlich anstrengender. Das Auge muss genauer fokussieren, um die leicht flimmernden Zeichen zu entziffern. Je länger eine E-Mail, desto mühsamer ist, sie zu lesen. Besonders mühsam wird das Lesen langer E-Mails am Display des Smartphones. Versenden Sie daher im Sinne des Empfängers wirklich nur kurze Texte. Wer plant, den anderen bis ins Detail über seine Meinung in Kenntnis zu setzen, der sollte doch lieber um ein persönliches Gespräch bitten.

Tipp

Die ideale E-Mail kommt ohne zu scrollen aus. Alles, was auf eine Bildschirmgröße passt, ist angenehm zu überblicken und überfordert den Leser nicht.

→ Der kurze, knappe Stil der E-Mail entspricht unserem modernen Bedürfnis, zu kommunizieren. Wir wollen uns nicht lange mit umständlichen Einleitungen, Erklärungen und Höflichkeitsfloskeln herumschlagen. Lie-

Die Macht der versteckten Signale

ber gleich zum Punkt kommen. Unsere Aufmerksamkeit reicht ja auch meist für ein paar Sekunden, maximal Minuten. Trotzdem hat sich unser inneres Verständnis noch nicht ganz dem neuen Trend angepasst. Irgendwo in unserem Innersten fühlen wir uns doch gekränkt, wenn der andere so knallhart und sachlich unsere Ideen abschmettert. Es klingt einfach direkter und brutaler, eine Absage knapp und prägnant via E-Mail als via Brief mit dazugehörigen Entschuldigungssätzen zu bekommen. Die Welt ist damit sprachlich rauer geworden.

Tipp

Behalten Sie sowohl in internen wie auch in externen E-Mails ein Mindestmaß an Höflichkeit bei. Ein Bitte und Danke sowie ein passender Gruß sind Zeichen der Wertschätzung. Fehlen diese Höflichkeitsrituale, wird ein starkes Signal, meist negativ empfunden, gesendet.

→ Oft wird versucht, die allzu trockene E-Mail-Sprache durch besondere Originalität aufzulockern. So erfinden wir alle möglichen originellen Formulierungen als Gruß: „liGrü", „schnelle Grüße" und ähnliche Kombinationen gibt es da zu lesen. Die Originalität dieser Buchstabengebilde nützt sich aber rasch ab. Spätestens nach der dritten E-Mail von demselben Absender werden sie eher als störend empfunden. Allzu viel Originalität schiebt den Empfänger ein Stück von uns weg und ist damit sicher ein Signal.

Bewusstes und feinfühliges Formulieren ist umso wichtiger, je knapper die Kommunikationsplattform wird. Beachten Sie einige Regeln und vermeiden Sie so die Barrieren, die im E-Mail-Verkehr entstehen können.

Tipps für die E-Mail-Kommunikation

→ Der Textstil in der E-Mail an Kunden soll ähnlich wie im Brief sein. Lesen Sie zuerst sämtliche erhaltenen E-Mails und texten Sie erst danach Ihre

Antworten, um Zusammenhänge gleich einfließen zu lassen. Die ideale Satzlänge in der E-Mail liegt bei bis zu 15 Wörtern.

→ Korrekter Gruß und Anrede (ohne Abkürzungen in der formalen E-Mail)

- Akademischer Grad abgekürzt und Namen gemeinsam oder Funktionstitel bzw. Standesbezeichnungen ausgeschrieben ohne Namen anführen. Nachgestellte Grade (z. B. MSc) werden in der schriftlichen Anrede nicht angegeben.

- Schreiben Sie an eine bestimmte Gruppe, sollten Sie diese auch benennen, z. B. „Sehr geehrte Mitglieder".

- Bei Personengruppen gilt im Allgemeinen: „Sehr geehrte Kolleginnen und Kollegen" oder „Sehr geehrte Frau Kollegin", „Sehr geehrter Herr Kollege".

- Die Anrede schließt mit Komma und kleiner Schreibweise in der Fortsetzung.

→ Aussagekräftiger Betreff statt „Re:Re:Re: Rückantwort …": Wählen Sie den Betreff so, dass der Empfänger auf einen Blick erkennen kann, worum es sich handelt. Kombinieren Sie am besten Zahlen und Worte, um sich selbst und dem Empfänger die Handhabung der E-Mail zu erleichtern (z. B. Hauptthema, Aktion, Termin): „Projekt ABC – Einladung 6.7.2013"

→ Fassen Sie sich kurz. Die Einleitungssätze können kürzer als in einem klassischen Brief sein. Ebenso kann die Schlussformel bei internen E-Mails lockerer als im Brief sein. Der Leser soll in der E-Mail – rascher als im Brief – sofort erkennen, worum es geht. Das ist deshalb hilfreich, da viele Leser Ihre Auto-Vorschau in der E-Mail eingestellt haben und daher sofort entscheiden können, ob sie weiterlesen oder nicht. Reihen Sie in Ihrer E-Mail die Informationen nach Wichtigkeit – und zwar kurz, knapp, präzise und auf das Wesentliche beschränkt.

→ Formulieren Sie in einem einfachen, klaren Stil. Vermeiden Sie die reine Befehlsform ohne „Bitte", die oft ein wenig wertschätzendes Signal sendet. Schreiben Sie am besten für jeden neuen Inhalt/Gedanken einen neuen Absatz, das kommt der Lesegeschwindigkeit entgegen. Positiv besetzte Wörter in der E-Mail sind besonders: „im Sinne von", „erleichtern", „informieren", „bearbeiten", „exakt", „genau", „konkret", „speziell", „verstärkt", „um sicherzustellen", „um zu vermeiden".

→ Überlegen Sie vor dem Schreiben:
- Warum soll der Leser die Nachricht wichtig nehmen?
- Welche Position hat der Leser?
- Was ist der Hauptzweck/Nutzen der E-Mail?
- Wann und wo geschieht das Wesentliche?
- Was ist die Lösung, die ich anbieten kann?

→ Dokumentieren Sie sachlich den Ist-Zustand. Formulieren Sie danach freundlich und bestimmt den Soll-Zustand, wenn Sie z. B. eine Änderung vorschlagen. Danach können Sie Folgen, die Konsequenzen oder die Lösung formulieren.

→ Texten Sie informell, aber nicht unhöflich. Bringen Sie den Drang, eine unangenehme E-Mail auf eine schroffe Nachricht zu schreiben, unter Kontrolle, beachten Sie dabei stets Ihr Image und die Wahrnehmung des anderen. Vorsicht auch vor Sarkasmus und widersprüchlichen bzw. zweideutigen Angaben in der E-Mail. Lesen Sie erhaltene E-Mails mit Toleranz, um sich nicht provozieren zu lassen.

→ Verwenden Sie Abkürzungen (mfg) und Smileys bzw. Akronyme möglichst sparsam, um Missinterpretation im beruflichen Zusammenhang zu vermeiden.

→ Senden Sie den Ur-Text nicht immer gleich automatisch, sondern besser bewusst gefiltert und verknappt mit, sodass nicht zu lange Anhänge entstehen. Mit langen Anhängen entstehen Informationsmengen, die oft das Erfassen der Kernbotschaft blockieren.

→ Die Zeichen ß, ä, ö, ü, ebenso wie das €-Zeichen, sind zu vermeiden und durch Doppelbuchstaben (ss, ae, oe, ue) bzw. EUR zu ersetzen. Vielfach, vor allem im Ausland, erscheinen sonst Sonderzeichen im Text, die nicht eindeutig erkennen lassen, dass es sich beim erwähnten Betrag um Euro handelt.

→ Erläuternde Daten wie Grafiken, Tabellen, Bilder etc.. sind sinnvoll im Attachment angeführt (klare Bezeichnung im Dateinamen). Vermeiden Sie jedoch E-Mails, in denen kein Text vorkommt, wenn Sie nur einen Anhang weiterleiten – Ihre E-Mail landet sonst leicht im Spamfilter des Empfängers.

→ Beachten Sie die korrekte Grammatik und Rechtschreibung in Ihrem Text. Damit setzen Sie ein Zeichen von Professionalität und Wertschätzung.

→ Kontrollieren Sie alle Fakten und Zahlen vor dem Verschicken noch einmal genau. Das erspart späteren Erklärungsbedarf und Fehlerquellen.

→ Behalten Sie die Groß-/Kleinschreibung bei. Das macht Ihren Text leserfreundlicher.

→ Vermeiden Sie „pseudo-originelle" Schlussformulierungen, passen Sie die Grußformel an den Empfängerkreis und die entsprechende Sprachkultur an. Eine vollständige Signatur zeigt Professionalität, eine sinnvolle Information zu Ihrer Funktion kann zusätzlich interessant sein.

→ Gehen Sie sparsam mit Dringlichkeitshinweisen im Text (z. B. das rote Rufzeichen) um.

Nutzen wir also das Medium E-Mail bewusster, versuchen wir es dort einzusetzen, wo es dem Empfänger und uns auch wirklich Vorteile bringt. Lassen wir uns nicht zum wahllosen Mailen verleiten, nehmen wir Rücksicht auf die Zeit der Leser und achten wir trotz aller Knappheit auf einen freundlichen, leserorientierten Stil. Wenn es um eine heikle Angelegenheit geht, ist es immer noch oft besser, das persönliche Gespräch zu suchen. So haben wir eher die Möglichkeit, Barrieren und Widerstände beim anderen zu erkennen und verbal darauf zu reagieren. Eine unfreundliche E-Mail, die wir immer wieder auf unserem Bildschirm finden, kann unseren Ärger auf den Absender unnütz erhöhen.

E-Mails und der Faktor Zeit

Die tägliche Flut an E-Mails, die in unserem Posteingang warten, stellt eine erhebliche Barriere in unserem Alltag dar. Wer nicht lernt, bewusst mit dieser Informationsflut umzugehen, gerät zunehmend unter Druck. Leisten Sie sich daher gelegentlich den Luxus der Unerreichbarkeit und üben Sie einen zeitsparenden Umgang mit E-Mails. Wer permanent seine eingehenden E-Mails checkt, wird zum Sklaven des Mediums. Die Arbeit, mit der man gerade beschäftigt ist, wird ständig unterbrochen und dauert daher um ein Vielfaches länger.

Schalten Sie die akustischen Signalgeber aus, sie rauben meist die Konzentration auf die laufende Arbeit.

Setzen Sie sich selbst regelmäßige Fixzeiten, an denen Sie die E-Mails abrufen. Blockabfertigung hilft Zeitsparen.

Öffnen Sie jede E-Mail möglichst nur einmal. Entscheiden Sie sofort, was damit zu passieren hat: gleich bearbeiten, weiterleiten, in einen anderen Ordner verschieben oder löschen.

Lassen Sie sich vom Verteiler unnötiger E-Mails streichen. Haben Sie die Möglichkeit, Ihre eingehenden E-Mails vorfiltern zu lassen? Wenn ja, definieren Sie z. B. im Outlook Filterkriterien.

Barrieren erkennen und überwinden

8.1 Körpersprache, die entwaffnet

Unsere Kommunikation ist geprägt von einer Vielzahl versteckter Signale. Wir haben in den vorangegangenen Kapiteln einige dieser Signale und deren Auswirkung auf unsere zwischenmenschliche Kommunikation präsentiert. Viele dieser Signale führen zu Barrieren und behindern meist unbewusst die Verständigung. Die meisten versteckten Signale drücken sich in unserer Körpersprache aus. Sie dominiert unsere nonverbale Kommunikation im persönlichen Gespräch. Ihre Macht reicht sogar noch durch die Telefonleitung: Ein Lächeln „hört" der Teilnehmer am anderen Ende und er merkt, ob der Anrufer in der Hängematte liegt oder steif aufgerichtet am Schreibtisch sitzt. Er registriert, ob der Gesprächspartner mitschreibt oder sich vom Hörer wegdreht.

Wir haben im ersten Kapitel dieses Buches viel über die Bedeutung einzelner Gesten und Körperbewegungen gesprochen. Wir haben analysiert, wie durch einzelne Gesten Barrieren im Gespräch entstehen. Hier geht es uns nun darum, mit welchen Mitteln wir diese Barrieren bewusst verhindern oder überwinden können.

Bewusster Umgang mit der eigenen Mimik

Unsere stärkste körpersprachliche „Waffe" ist unser Blick. Nichts signalisiert dem anderen deutlicher unsere Bereitschaft zur Kommunikation wie ein offener, freundlicher Blick. Er ist das erste Willkommenszeichen in einer Begegnung, er ist der letzte Eindruck, den wir mit nach Hause nehmen. Auch wenn Sie vor mehreren Personen sprechen, versäumen Sie es nicht, jedem Einzelnen diesen offenen Blick immer wieder zuzuwerfen.

Tipp

In einem großen Auditorium lässt sich jeder Einzelne miteinbeziehen, wenn Sie in M-Form über das Publikum blicken. Ihr Blick schweift dabei beginnend links außen über die Gesichter am linken Rand des Auditoriums nach hinten, von dort schräg zur Mitte in der ersten Reihe, von dort wieder schräg nach rechts hinten und dann am rechten Rand der Zuhörerreihen zur Person ganz rechts vorne. Ihr Blick erfasst mit diesem „M" alle Zuhörer, bezieht so alle mit ein.

Beachten Sie bei einer größeren Zuhörermenge besonders die Personen rechts und links außen in der ersten Reihe. Sie werden leicht „übersehen", fühlen sich durch mangelnden Blickkontakt aus dem Auditorium ausgeschlossen und sehen oft nur die (kalte) Schulter des Vortragenden. Nicht selten kommen genau von diesen Personen im Anschluss die kritischsten Fragen. Egal, ob vor hundert Menschen oder im Zweiergespräch: Wer sich für seine(n) Gesprächspartner wirklich interessiert, der wird jedem automatisch jenen offenen Blick schenken, der Barrieren so gut überwinden kann.

Zu einem offenen Gesichtsausdruck gehört sicher auch das Lächeln. Jenes freundliche, offene Lächeln, das das ganze Gesicht miteinbezieht. Ist es nicht aus Berechnung oder Gewohnheit aufgesetzt, sondern entspringt einem ehrlichen Gefühl der Zuneigung, des Interesses am anderen, so kann es fast alle Barrieren überwinden.

Tipp

Sollten Sie in einem Telefontraining den Tipp erhalten haben, einen Spiegel neben das Telefon zu platzieren, um vor jedem Telefongespräch hineinzulächeln, schlagen wir Ihnen eine kritische

Die Macht der versteckten Signale

Betrachtung vor. Ein verkrampftes Pseudolächeln wird schnell entlarvt. Es wirkt auch am Telefon unecht und schafft keine Sympathiewerte.

• •

Bewusst eingesetzte Körpersprache kann auch die eigenen Gefühle beeinflussen. Wer zum Beispiel bei einem Streitgespräch unbändigen Ärger in sich aufkommen fühlt, der zieht normalerweise die Augenbrauen zusammen – ein typisches Anzeichen für ein drohendes Gewitter!

Tipp

• •

Wer in diesem kritischen Moment bewusst die Augenbrauen in die „andere Richtung" bewegt, also hochzieht, dessen Gesichtsausdruck verliert plötzlich seine Aggressivität.

• •

Ein Gesicht mit hochgezogenen Augenbrauen drückt Verwunderung, Erstaunen aus, und der Ärger ist wie weggeblasen. Mit leicht hochgezogenen Augenbrauen kann man einfach nicht böse schauen. Als Beweis können Sie es gerne zu Hause vor dem Spiegel probieren.

Bewusst eingesetzte Gestik

In beinahe jedem Kulturkreis spielen die Hände eine wichtige Rolle bei der Begrüßung. Wer die Hand zum Gruß reicht, der hat darin keine Waffe versteckt – so einfach lautet die Botschaft. Daher ist es wichtig, dass der andere die Hände sehen kann, dass sie nicht hinter dem Körper oder in der Hosentasche versteckt werden. Auch wenn wir nicht mehr mit Faustwaffen durch die Gegend laufen, die verdeckte oder versteckte Hand des anderen macht uns immer noch intuitiv misstrauisch.

Die Festigkeit eines Händedrucks war in früheren Zeiten eine entscheidende Information: Wie stark ist mein Gegenüber, über wie viel Muskelkraft verfügt er? Macht es Sinn, mit ihm zu kämpfen? Mittlerweile haben sich die Zeiten geändert – es geht nicht mehr um den physischen Kampf, es geht bei unserem Händedruck um ein Zeichen des Willkommens und um einen positiven ersten Eindruck. Wer die Hand nur schlaff zum Gruß reicht – der sogenannte „Kalte-Fisch-Händedruck" – symbolisiert mangelndes Selbstwertgefühl und eine gewisse Reserviertheit dem anderen gegenüber. Der bei uns übliche Händedruck sollte kurz und fest sein und möglichst ohne Knochenbruch enden. Der Händedruck als freundliche physische Kontaktaufnahme – ohne Wegschieben des anderen, ohne Heranziehen und ohne Hinunterdrücken, einfach ohne „taktische" Hintergedanken.

Weder die Arme noch die Hände sollten vor unserem Körper eine Barriere bilden. Wollen wir dem anderen offen begegnen, dürfen wir uns nicht in Abwehrposition begeben. Auch unsere Ellenbogen sollten nicht nach außen zeigen, „Ellenbogentaktik" widerspricht einer offenen Körpersprache.

Die Macht der versteckten Signale

Selbstsicherheit im Gespräch als Basis eines guten Gesprächs

Vom ersten Moment an ist es wichtig, sicher und in sich ruhend auf einen Gesprächspartner zuzugehen. Selbstsichere Menschen – aber nicht selbstherrliche – wirken angenehm, wir fühlen uns zu ihnen hingezogen.

Wer mit beiden Beinen fest am Boden steht und sicheren Bodenkontakt hält, der vermittelt Sicherheit. Ein natürlicher, unverkrampfter Standpunkt spiegelt sich auch im Gespräch. Es signalisiert dem anderen: „Ich fühle mich in diesem Gespräch wohl, ich habe keinerlei Wunsch, zu flüchten."

Tipp

Vermeiden Sie unruhige Bewegungen mit den Füßen und achten Sie darauf, dass Ihre Fußspitzen nicht aggressiv in Richtung des Gesprächspartners zeigen.

Verspannt sich bei einem Gespräch Ihre Muskulatur, ist das ein deutliches Zeichen für den anderen, dass da jemand in Verteidigungshaltung geht, dass das Gespräch nicht mehr ganz so harmonisch läuft. Achten Sie daher in Ihrem und im Interesse des Gesprächspartners auf ein bewusstes Entspannen der Muskeln.

Tipp

Senken Sie im Gespräch immer wieder bewusst die Schultern, atmen Sie tief – bis in den Bauch – ein, das entkrampft. Im unbewussten Bestreben, Ihre Körperhaltung zu spiegeln, wird der Gesprächspartner das Gleiche tun. Das kann ganz unbemerkt einen entscheidenden Beitrag zur Entspannung eines Gesprächs leisten.

Apropos Spiegeln: Wie erwähnt, ist das unser unbewusster Versuch, die Harmonie, die gleiche Wellenlänge mit dem Gesprächspartner herzustellen. Diesen positiven Impuls sollten wir grundsätzlich nicht unterdrücken, er ist Basis der Verständigung zwischen zwei Menschen. Aufpassen sollten wir aber dann, wenn der Gesprächspartner typische Gesten der Abwehr einnimmt bzw. hektische Fluchtsignale aussendet. Diese negativen Körpersignale werden durch das Spiegeln unsererseits verstärkt, bringen das Gespräch weiter auf eine unruhige, hektische Schiene.

Tipp

Achten Sie in kritischen Gesprächssituationen bewusst auf offene Signale. Beseitigen Sie Barrieren wie Unterlagen etc. und nehmen sie eine offene Körperhaltung ein. So zeigen Sie dem andern: „Es besteht kein Grund für dich, unruhig zu werden, flüchten zu wollen!"

Distanzzonen

Entscheidend für das Wohlfühlen des Gesprächspartners ist es auch, die richtige Distanz im Gespräch zu wahren. Wer dem anderen zu nahe rückt, wird als aufdringlich oder aggressiv empfunden. Wer aber immer weiter zurückweicht, der baut eine Barriere zwischen sich und seinem Gesprächspartner. Wahren Sie also im Gespräch immer stets den richtigen Abstand – nicht nur als ein Zeichen von Anstand, auch als Zeichen von Achtung und Wertschätzung. Nähere Informationen dazu finden Sie in Kap. 1.

Eine offene Körpersprache bewusst einzusetzen ist wesentlich einfacher, als es scheint. Es ist nicht so sehr eine Frage des Trainings, der „Körperbeherrschung". Es ist eine Frage der inneren Einstellung. Die Basis dafür ist das ehrliche Interesse am anderen.

Achten Sie daher nicht zu sehr permanent auf die eigene Körpersprache. Wer sich nur selbst „in Szene setzen" will, übergeht sein Gegenüber. Wer sich auf den anderen konzentriert, der bleibt auch in seinen Gesten und Bewegungen natürlich und ungekünstelt. Der beste Weg, Barrieren gar nicht erst entstehen zu lassen.

8.2 Notwendige Grenzen

Wir haben uns in diesem Buch bewusst mit dem Überwinden von zwischenmenschlichen Barrieren auseinandergesetzt. Ein Aspekt soll jedoch dabei nicht unerwähnt bleiben: bei aller – wünschenswerten – Offenheit in der Kommunikation ist es doch gelegentlich wichtig, sehr bewusst Grenzen zu setzen. Nicht immer kann und will ich dem anderen offen gegenüberstehen. Nicht immer führt die „Taktik der eigenen Öffnung" zur Entwaffnung des anderen. Manchmal ist es einfach notwendig, dem Gesprächspartner freundlich, aber nichts desto weniger deutlich zu zeigen, wie weit er gehen darf. Manch forscher Gesprächspartner und harter Verhandler versucht immer wieder festzustellen, wo seine Grenzen sind, wie weit er gehen kann.

Ein schöner Satz besagt, dass die Grenzen der Freiheit des Einzelnen dort enden, wo die Freiheit des anderen beginnt. Doch was tun wir, wenn der Einzelne nicht erkennt, wo meine Freiheit beginnt? Wenn er auf der Suche nach bedingungsloser Selbstverwirklichung und eigennützigem Gesprächserfolg meine „Freiheit" einfach ignoriert?

Auch die Signale dieses „Freiheitsentzuges" sind meist gut versteckt und getarnt. Wir registrieren sie unbewusst, stellen ein zunächst leises Unbehagen fest und erkennen oft viel zu spät, dass da jemand bewusst oder unbewusst versucht, uns zu dominieren, uns zu verdrängen. Es gilt also auch hier, die Zeichen rechtzeitig zu erkennen. Geht jemand hingegen nur mit seinen Argumenten, mit seinen Worten zu weit, erkennen wir das unmittelbar. Wir reagieren darauf auch sofort, indem wir Gegenargumente bringen, mit Worten kämpfen oder uns schmollend und beleidigt zurückziehen.

Findet der „Angriff" aber mit anderen Mitteln, etwa mit der Körpersprache statt, reagiert vorrangig unser Unterbewusstsein. Hat sich in uns dann eine unbewusste Abwehr formiert, sollten wir uns spätestens hier bewusst mit der Lage befassen. Wollen wir noch einen Versuch wagen, den anderen „gewaltfrei" zu öffnen, bewusst auf ihn zugehen? Oder ist es an der Zeit, die eigenen Grenzen klar und deutlich zu zeigen?

Zu entscheiden, wann dieser Punkt erreicht ist, bleibt wohl jedem selbst überlassen. Dann jedoch gilt es, dem anderen sehr deutlich klarzumachen, dass wir diesen Weg so nicht mitgehen wollen. Eine sachliche Klärung zur richtigen Zeit kann emotionale „Spätfolgen" verhindern helfen und die gegenseitige Beziehung wieder in konstruktive Bahnen lenken.

Entscheidend für das sichere eigene Auftreten ist es aber, diese notwendigen Barrieren klar zu definieren – für sich *und* den anderen. Es ist manchmal besser, einen Konflikt offen auszutragen, als die Barriere im Geheimen immer weiter wachsen zu lassen!

Tipp

Nur, wer seine Grenzen rechtzeitig deutlich macht, wird dies angemessen und souverän tun. Wer erst wartet, bis ihm der anderen in die Enge treibt, wird übertrieben und emotional reagieren, und es so dem anderen leicht machen, entsprechende Gegenmaßnahmen zu ergreifen.

8.3 Signale richtig deuten

Damit ist deutlich, dass es eine unendliche Vielfalt an versteckten Signalen und Botschaften gibt, die unser zwischenmenschliches Verhalten steuern und beeinflussen. Die Worte, die wir zueinander sprechen, sind nur ein ganz kleiner Teil dessen, was wir wirklich vermitteln. Die wahre Macht dieser versteckten Signale liegt in der simplen Tatsache, dass wir diese Signale nur mit dem Unbewusstsein wahrnehmen.

Gelingt es uns, diese Zeichen und Botschaften deutlicher zu erkennen und in unser Bewusstsein zu rufen, gewinnen wir mehr Sicherheit im Umgang mit unseren Mitmenschen. Wir erkennen Barrieren rechtzeitig, wir identifizieren die Dinge, die uns und anderen im Wege stehen und lernen, sie zu überwinden.

Die Signale in mir

Am einfachsten sollte dies bei uns selbst gelingen. Der Blick ins eigene Innenleben hilft da weiter. Unser Körper sendet uns zahlreiche Signale, vom unbestimmten Unwohlsein bis hin zur echten Krankheit. Hören wir ihm zu, achten wir auf innere Warnsignale, reagieren wir rechtzeitig! Verdrängen wir unsere inneren Gefühle und Emotionen nicht, lernen wir vielmehr, damit umzugehen. Nur, wer seine Emotionen in die richtigen Bahnen lenkt, verhindert unliebsame und zeitlich unpassende Ausbrüche oder ungesunde, krankheitsauslösende „Staulagen".

Viele innere Barrieren stehen einem offenen Auftreten nach außen im Weg. Wo liegen die inneren Blockaden versteckt, die uns hindern, offen an den anderen heranzugehen?

→ **Ist es die Vorurteils-Barriere?** Machen Sie sich Ihre ganz persönlichen Vorurteile bewusst. Wer seine „Vorurteils- und Erfahrungsblockaden" kennt, kann viel bewusster damit umgehen. Es wird uns nicht gelingen, alle unsere ungerechtfertigten Vorurteile abzubauen. Wir brauchen unseren persönlichen Filter als Schutz, als Hilfe zum raschen Reagieren. Nur sollten wir eben wissen, warum uns gewisse Personen oder Situationen verunsichern. Wenn wir eine innere Barriere wahrnehmen und identifizieren, können wir selbst entscheiden, ob wir diese Barriere dort lassen, wo sie ist, oder ob wir sie schrittweise abbauen.

→ **Ist es die Perfektions-Barriere?** Jeder erhebt mehr oder weniger hohe Ansprüche an sich selbst. Oft steht uns der absolute Wunsch nach Perfektion im Weg. Der unbedingte Siegeswille hemmt uns. Wir meinen, nur wer den anderen in der Kommunikation dominiert, hat Erfolg. Auf der anderen Seite steckt in uns allen der Wunsch nach Harmonie, die Angst zu widersprechen, die Scheu vor dem „Nein". Diese beiden Antreiber stehen in uns im Widerstreit. Einmal überwiegt der eine, einmal der andere. Und im Spannungsfeld dieses inneren Konflikts übersehen wir, uns auf den Gesprächspartner zu konzentrieren.

Tipp

Kommunikation ist kein Wettstreit, kein Duell. Es geht nicht um Sieg oder Niederlage, es geht um eine offene Zuwendung zum anderen, um eine Auseinandersetzung mit seinen Ideen und Vor-

Kapitel 8: Barrieren erkennen und überwinden

stellungen. Nur wer Anregungen von außen auch an sich heranlässt, kommt innerlich weiter. Sonst bleiben wir im inneren Spannungsfeld unserer gegensätzlichen
Ansprüche stecken und treten auf der Stelle.

● ●

→ **Ist es die Dringend/Wichtig-Barriere?** Oft sind wir durch die vielen
neuen Eindrücke und Beziehungen verunsichert. Nicht nur die zwischenmenschlichen Begegnungen, vor allem auch die Kommunikationsmedien
werden immer vielfältiger. Kaum mehr eine Situation, wo wir nicht mit
anderen in Kontakt treten. Wir sind immer und überall erreichbar, jede
wichtige und unwichtige Botschaft wird in Echtzeit übermittelt. Da ist es
nicht verwunderlich, wenn wir zu „Informationsverweigerern" werden.
Wir müssen in Zukunft lernen, zu selektieren. Nicht jedes Gespräch ist
wichtig, nicht jede Information muss sofort verarbeitet, gespeichert oder
weitergeleitet werden. Wer vieles gleichzeitig bewältigen will, erliegt der
Flut an Informationen. Die Beziehungen werden dadurch oberflächlicher,
austauschbarer. Wenn wir nicht erkennen, was wirklich wichtig ist, übersehen wir die echten Chancen im Leben. Lernen wir also, die wichtigen
Beziehungen bewusster zu pflegen – egal mit welchem Medium.

8.4 Die eigenen Barrieren abbauen

Wir sind sicher, dass Sie nach der Lektüre dieses Buches etwas bewusster auf
Ihre Umwelt achten. Es sind gerade die vielen kleinen Details, die unsere Beziehungen prägen. Viele selbstverständlichen Dinge, die wir genau deswegen
nicht mehr bewusst wahrnehmen. Lernen Sie in drei einfachen Schritten, auf
diese wichtigen, in den vorangegangenen Kapiteln beschriebenen Signale und
Zeichen zu achten.

1. Schritt: Entscheiden Sie, welche Situationen für Sie besonders wichtig
sind, welche Beziehungen in Zukunft besser laufen sollten. Suchen Sie sich aus unseren Tipps diejenigen heraus, die für Sie

wesentlich und hilfreich sind. Dieses Buch will ein Ratgeber sein, der Ihnen in Ihrer ganz persönlichen Praxis helfen soll.

2. Schritt: Analysieren Sie einmal in Ruhe Situationen, die in der Vergangenheit für Sie unbefriedigend gelaufen sind. Was haben Sie übersehen? Wie war die Körpersprache des Gesprächspartners, wie Ihre eigene? In welchem Umfeld hat sich das Gespräch abgespielt? Welche Rahmenbedingungen haben es begleitet? Was konkret hat Sie gestört? Wie, glauben Sie, hat der andere die Situation empfunden? Identifizieren Sie so die Barrieren und Hürden, die einem guten Gespräch im Wege gestanden haben.

3. Schritt: Erstellen Sie sich Ihren ganz persönlichen Aktionsplan. Worauf werden Sie in Zukunft besonders achten? Auf welche Rahmenbedingungen müssen Sie besonders aufpassen? Was können Sie bewusst dazu tun, um die Barrieren bei anderen abzubauen – oder noch besser –, erst gar nicht entstehen zu lassen?

Viele der in diesem Buch beobachteten nonverbalen Prozesse laufen sehr rasch und in Sekundenbruchteilen ab. Schon in den ersten paar Gesprächssequenzen legt sich fest, wer dieses Gespräch dominieren wird. Der erste Eindruck spielt eine große Rolle. Wer jedoch diese versteckten Signale, die unsere Beziehungen von Anfang an so entscheidend prägen, bewusster wahrnimmt, der ist dieser Macht nicht hilflos ausgeliefert. Der kann bewusst gegensteuern und noch so große Hürden überwinden. Der gibt sich und dem anderen stets eine zweite Chance für ein gelungenes Gespräch.

Wir wünschen Ihnen viel Erfolg beim Umsetzen und besonders erfolgreiche Gespräche!

Quellenverzeichnis

Cerwinka G./Schranz G: Ihr kompetenter Telefonauftritt, Vortragsskriptum, Wien 2013

Cerwinka G./Schranz G.: Nervensägen, Linde 2013

Cerwinka G./Schranz G.: Büro-Bibel, Linde 2011

Cerwinka G./Schranz G: Beim Ersten Eindruck gewinnen, Linde 2006

Cerwinka G./Schranz G: Professioneller Klientenempfang, Ueberreuter 1997

Cerwinka G./Schranz G: Professioneller Telefonverkauf, Ueberreuter 1996

Das Sekretärinnen-Handbuch, www.sekretaerinnen.de

Eisler-Mertz, Ch.: Die Sprache der Hände, mvg 1997

Molcho, S.: ABC der Körpersprache, Ariston 2006

Molcho, S.: Körpersprache des Erfolgs, Ariston 2005

Molcho, S.: Körpersprache, Goldmann 2002

Navarro, Joe: Menschen lesen, mvg 2011

Schober, Claudia: Farbenlehre und Farbwirkung mit praktischer Anwendung. Vortragsskriptum, Wien 1999

Thiel, E.: Die Körpersprache verrät mehr als tausend Worte, Ariston 1998

Twain, Mark: New York World, Weihnachten 1890, Seite 119

Scheuermann, U.: Wer reden kann, macht Eindruck – wer schreiben kann, macht Karriere, Linde 2009

Watzlawick, P.: Anleitung zum Unglücklichsein, Piper 1988